服装制版与裁剪丛书

FUZHUANG ZHIBAN YU CAIJIAN CONGSHU

服装缝纫工艺

FUZHUANG FENGREN GONGYI

徐 丽 主编

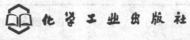

化学工业出版社

·北京·

本书简要阐述立体裁剪基本原理及特点并详细地阐述了立体裁剪的操作技巧。

全书共分为七章，具体内容如下：第一章讲述了服装缝制工艺基础知识，第二章讲述了西裤的缝制工艺，第三章讲述了中山装缝制工艺，第四章讲述了男式西装缝制工艺，第五章讲述了倒掼领男呢料大衣缝制工艺，第六章讲述了弧形刀背女大衣缝制工艺，第七章讲述了家用缝纫机常见故障的分析与排除。

本书适用于缝纫师及服装缝纫爱好者阅读参考。

图书在版编目（CIP）数据

服装缝纫工艺/徐丽主编． —北京：化学工业出版社，
2012.6（2023.8重印）
（服装制版与裁剪丛书）
ISBN 978-7-122-14026-5

Ⅰ．服… Ⅱ．徐… Ⅲ．服装缝制 Ⅳ．TS941.63

中国版本图书馆 CIP 数据核字（2012）第 073024 号

责任编辑：彭爱铭　　　　　　　　　　　　装帧设计：王晓宇
责任校对：蒋　宇

出版发行：化学工业出版社（北京市东城区青年湖南街 13 号　邮政编码 100011）
印　　装：天津盛通数码科技有限公司
787mm×1092mm　1/16　印张 11¾　字数 311 千字　2023 年 8 月北京第 1 版第 2 次印刷

购书咨询：010-64518888　　　　　　　　　售后服务：010-64518899
网　　址：http://www.cip.com.cn
凡购买本书，如有缺损质量问题，本社销售中心负责调换。

定　　价：48.00 元　　　　　　　　　　　　　　　　　　版权所有　违者必究

服装缝纫工艺

前言
FOREWORD

  本书简要阐述立体裁剪基本原理及特点,并详细地阐述立体裁剪的操作技巧。内容重点剖析胸省的原型及变化,领与袖的原型及变化规律,详细叙述出样的基本方法,在平面裁剪的基础上介绍"立体裁剪方法",即依靠人体或人体模型进行裁剪,抓住领、袖、袋三大关键部位的缝纫工艺以图为主,言简意赅,并酌情介绍一些手针、机缝的基本方法,使学生在掌握基本缝纫方法后能触类旁通、举一反三。

  全书共分为七章,具体内容如下:第一章讲述了服装缝制工艺基础知识,第二章讲述了西裤的缝制工艺,第三章讲述了中山装缝制工艺,第四章讲述了男式西装缝制工艺,第五章讲述了倒损领男呢料大衣缝制工艺,第六章讲述了弧形刀背女大衣缝制工艺,第七章讲述了家用缝纫机常见故障的分析与排除。

编者

2012 年 2 月

服装缝纫工艺
目录 CONTENTS

名词术语图解	Page 1
第一章 服装缝制工艺基础知识	**Page 4**
第一节 手缝工艺的常用工具	4
第二节 各种手缝针法基本动作的训练	6
第三节 车缝基础训练	10
第四节 平脚裤的练习	15
第二章 西裤的缝制工艺	**Page 17**
第一节 简易女裤缝制工艺	17
第二节 毛料男西裤精做缝制工艺	23
第三章 中山装缝制工艺	**Page 37**
第一节 布料中山装缝制工艺	37
第二节 呢料中山装缝制工艺	51
第四章 男式西装缝制工艺	**Page 69**
第一节 男西装精做缝制工艺	69
第二节 西装背心（马甲）缝制工艺	115
第三节 男西装简做缝制工艺	120
第五章 倒掼领男呢料大衣缝制工艺	**Page 130**
第六章 弧形刀背女大衣缝制工艺	**Page 146**
第七章 家用缝纫机常见故障的分析与排除	**Page 171**
第一节 断线、跳针故障	171
第二节 断针、浮线故障	175
第三节 送布、缝料故障	178
第四节 噪声故障	179
第五节 运转、绕线方面的故障	180

名词术语图解

1. 打套结
开衩口用手工或机打套结，现介绍手工打套结的两种方法：第一种，用中粗丝线钉一针，另一头线绕针，抽到反面打结，这叫假套结；第二种，钉二三针，然后缲牢面部，针脚要整齐。也可以用同样的方法象锁纽眼一样，缲牢面布，针脚索齐即可。这是真套结，见图（一）。

图（一）

2. 纳针
有手工和机扎两种，用于驳头处。一般纳针用八字的针法，也称作扎，纳驳头也称作扎驳头。见图（二）。

3. 环针
毛缝口环光的针法。见图（三）。

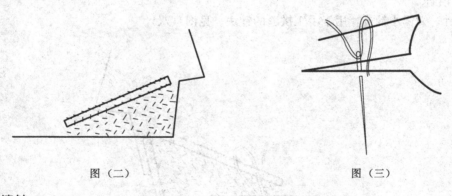

图（二） 　　　　　　　　图（三）

4. 撩针
把牵带布撩在衬布上的针法。见图（四）。

5. 缲针
缲针有两种，一种是明缲针（竖缲），针迹略露在外面的针法。另一种是暗缲针（平缲），针迹不露在外面，线缝在底边缝口内的针法。见图（五）。

6. 攥针

明线，也叫绷线或扎针，一般攥针是属于固定位置时而用的针法。见图（六）。

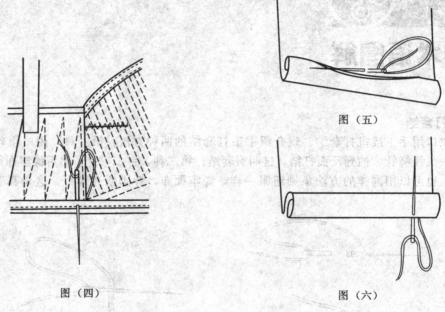

图（五）

图（四）

图（六）

7. 扳针

明线、斜针将止口毛缝与衬布扳牢的针法。见图（七）。

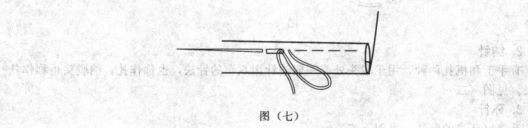

图（七）

8. 拱针

暗针，微露小针迹，用于手工拱缝的针法。见图（八）。

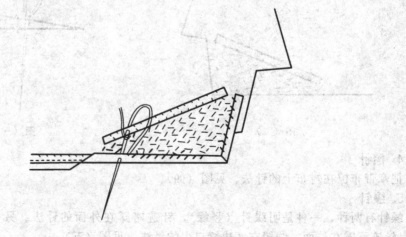

图（八）

9. 倒钩针
倒针行的针法。见图（九）。

10. 电烫斗
以三角形表示电烫斗符号。见图（十）。

11. 盖水熨烫
见图（十一）。

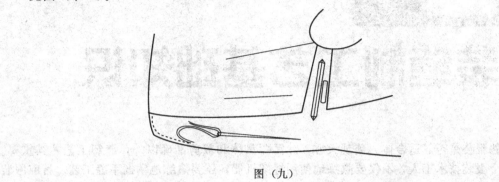

图（九）

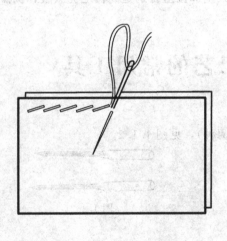

图（十）

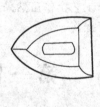

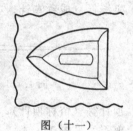

图（十一）

12. 辑线符号
见图（十二）。

图（十二）

第一章 服装缝制工艺基础知识

一件服装是否舒适合体，美观大方，除需要量体和裁剪准确以外，缝纫工艺尤其重要。作为一个服装技术工人，不仅要熟练地使用缝纫机器，还要熟练地掌握手缝工艺。目前服装生产大部分工艺操作虽然采用机器操作，但在某些部位上特别是高档毛呢服装，机器仍然代替不了手工操作。

第一节 手缝工艺的常用工具

(1) 手缝针（或称引线），见图1.1.1。
(2) 机缝针（或称车针，有家用和工业用两种），见图1.1.2。

图1.1.1

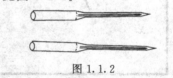

图1.1.2

(3) 顶针箍（俗称顶针），见图1.1.3。
(4) 剪刀，见图1.1.4。

图1.1.3

图1.1.4

(5) 刮浆刀，见图1.1.5。
(6) 镊子钳，见图1.1.6。

图1.1.5

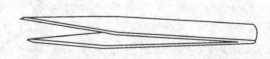

图1.1.6

(7) 锥子，见图1.1.7。

(8) 电熨斗，见1.1.8。

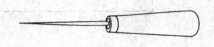
图1.1.7

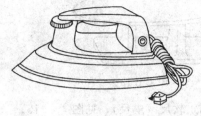
图1.1.8

(9) 喷水壶，见图1.1.9。
(10) 布馒头，见图1.1.10。

图1.1.9

图1.1.10

(11) 铁矮凳，见图1.1.11。
(12) 试衣模型（胸架），见图1.1.12。

图1.1.11

图1.1.12

(13) 烫凳，见图1.1.13。
(14) 拱形烫木（驼背），见图1.1.14。

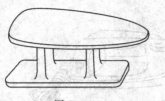

图 1.1.13

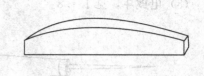

图 1.1.14

(15) 软尺（皮尺），见图 1.1.15。
(16) 竹尺，见图 1.1.16。

图 1.1.15

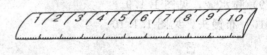

图 1.1.16

第二节 各种手缝针法基本动作的训练

手缝工艺在我国具有悠久的历史，在国际上也享有盛誉。手工操作具有灵活、方便的特点，现代服装的摆、拱、缲、锁、纳、环、撩、板、缝、衍、钩等工艺，女装与童装中的刺绣、盘花纽等工艺都体现了高超的手工工艺技能。因此，操作者必须勤学苦练各种手工操作技能，才能适应各种服装缝制工艺的要求。

一、捏针穿线方法

1. 穿线

就是要把缝线穿入手缝针尾眼中。穿线的姿势是左手的拇指和食指捏针，右手的拇指和食指拿线，将线头伸出 1.5cm 左右，随后右手中指抵住左手中指，稳定针孔和线头，便于顺利穿过针眼（线头可事先捻细、尖、光便于穿眼），线过针眼，趁势拉出，然后打结。见图 1.2.1。

2. 打线结

右（左）手拿针，左（右）手指一转打结。见图 1.2.2。

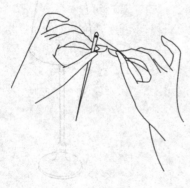

图 1.2.1

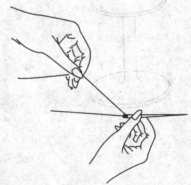

图 1.2.2

二、捺布头缝针

练习捺布头的目的是使制作时的手指、手腕骨动作敏捷、正确有力，这是各种针法的基础。开始练习时会出现不耐烦、手出汗的现象,这是正常的。只要认识到手缝工艺在服装艺术处理方面的重要性,刻苦磨练,就能达到得心应手的程度。

连续针法,俗称缝"吃头"。它的针法简易。是初学者手工缝制的基础。方法是取两块长 30cm,宽 15cm 零料,上下重叠;取 6 号针一根,穿上线,两根线头无需打结,并戴上顶针箍,针尾顶住针箍。在捏住针、线的同时,右手食、拇、小指放在布的上面,中指、无名指放在布下面;左手大拇指、小指放在布上面。食、中、无名指放在布下面,将两层布夹住、绷紧,右手拇指、食指起针。

缝针刺入 0.3cm 后向上挑出,并运用针箍的推力,右手拇、食指扶正针杆,上下稳直地一针接一针地徐徐向前缝制,在连续五六针后,将顶针顶足拔出针,如此循序渐进。待缝线结尾时,可将线全部抽掉,反复练习。开始练习时可用双层布,然后可用四层布继续练习,方法同上,练习数日。要求达到手法敏捷,针迹疏密曲直均匀,得心应手的程度。见图 1.2.3。

图 1.2.3

三、锁纽眼

纽眼分平头与圆头两种。方法是先在衣片上按纽扣直径长短略放长 0.1cm 划好位置,沿粉线剪开。衬衫纽洞剪直线型,外衣纽洞剪 Y 形(图 1.2.4)。锁 Y 形纽洞时要用衬线。衬线松紧适宜。在离开口边沿 0.3cm 处用衬线两条。然后从左边尾部起用左手食指与拇指将纽洞布的上下两层捏住,由里向外锁,按纽眼的宽度,由下而上,从左到右锁(图 1.2.5),锁完一周后在尾部打结,然后将结头引入夹层内(图 1.2.6)。平头纽眼首尾锁法相同。锁眼的要求是针脚要整齐,表面平整,不露衣片毛丝,圆头要圆顺。

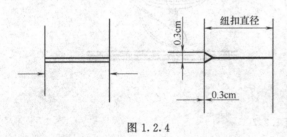

图 1.2.4

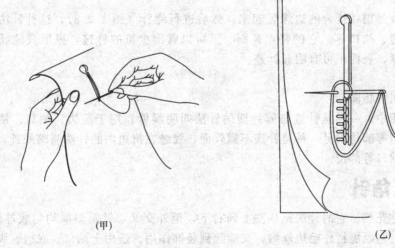

(甲)

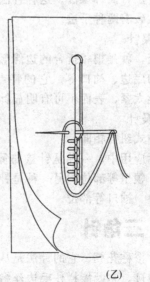

(乙)

图 1.2.5

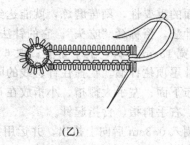

图1.2.6

四、钉纽扣

纽扣分实用扣与装饰扣两种。钉实用扣时缝线要松，使纽脚长高于衣服止口厚度0.3cm，底脚要小于纽眼直径二分之一。当最后一针从纽眼孔穿出时，缝线应缠绕纽扣脚数圈，绕脚一定要紧、整齐，见图1.2.7。然后，将线尾结头引入夹层。钉装饰扣时不必绕脚，要贴着衣服钉平服。

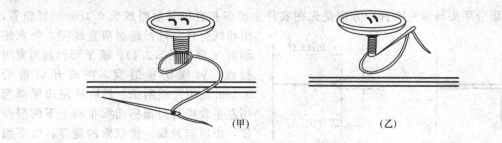

图1.2.7

五、缲边针法

缲边针法，简称缲法。这种针法用途广，手法也较多，一般用于折边与面料相合之处，归纳起来大致有两种手法。

1. 竖缲针

所谓竖，就是把相折合的边缘竖起来，然后进行缲针（图1.2.8）。这种针法适用于中西式服装的底边、袖口等。它的特点是面、里可以露出少量的针迹，里层只能缲一二根丝缕；线不能太紧，表面不可有明显针迹。

2. 平缲针

与缲中式纽袢相同。

在实际应用中，一种是针迹略露外面的针法叫明缲针，用于底边、袖口、袖窿、膝盖绸、裤底、领里等部位。另一种是针迹不露外面，线缝在折边内的针法叫暗缲针，用于西装夹里的底边、袖口等部位。

六、三角针

三角针俗称花绷。它的针法是从左上到右下，里外交叉，针距斜横均匀成等腰三角形，正面不露线迹。它既能拦住毛边丝缕，又能起到装饰作用。适用于袖口、底边、脚口贴边等部位见图1.2.9。

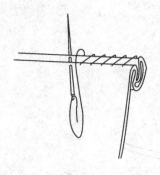
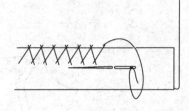

图 1.2.8　　　　　　　　　　　图 1.2.9

七、杨树花

杨树花是一种装饰用的花形针法，操作时，针步是从右到左。它的花形根据针数不同而变化，常有一针、二针、三针等区别。图 1.2.10 的针步是上二针，下二针。绷好的杨树花呈人字形，每个人字形大小相等，松紧适宜，以防将面料抽皱。一般多用于女大衣夹里底边。见图 1.2.10。

八、打线袢

在需要打线袢的部位，把钉纽扣用的丝线线尾结头穿入夹层中，然后在正面打结，用钩针方法：①套进食指中，左手中指钩；②右手拿针，线放松；③用中指将钩住的线拉到根底；④右手将线拉紧。这样反复多次，就成为线袢了。见图 1.2.11。

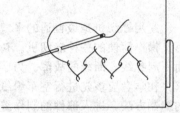

图 1.2.10

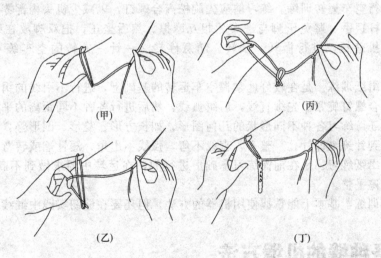

图 1.2.11

九、纳驳头（攥驳头）

纳驳头前，先把纳针位置画好。斜针宽 0.8cm，每针针距 1cm，一针对一针，横直基本对齐。纳法：左手中指顶住，大拇指将驳头衬向里推松。右手纳针时针脚缭牢面子一二根丝。见图 1.2.12。

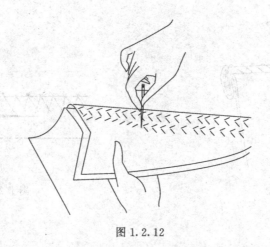

图 1.2.12

第三节　车缝基础训练

家用缝纫机是最普通的平缝机。它能缝制衣料、刺绣、卷边、镶嵌花边等，是最经济实惠又操作简便的一种缝纫机。初踏缝纫机常因手、脚、眼的动作不协调，产生机器倒转，从而引起扎线、断线的故障。为了做到能随意控制机器使机器始终顺转，各种针迹符合工艺要求，初学者应该先进行空车缉纸训练。在比较熟练的基础上再做引线缉布练习，学习各种缝的缝制方法，进入部件的制作缝制。

一、空车缉纸训练

(1) 先进行空车运转训练。练习前应先旋松离合螺钉，以减少机头内部零件不必要的磨损。扳起压紧杆扳手，避免压脚与送布牙相互摩擦。然后坐正，把双脚放在缝纫机的踏板上。踏动缝纫机踏板，进行慢转、快转、随意停转、一针一针转的空车练习，直至操作自如。

(2) 空车缉纸训练。是在较好地掌握空车运转的基础上，进行不引线的缉纸练习。练习前将旋松的离合螺钉旋紧。先缉直线，后缉弧线，然后进行各种不同距离的平行直线、弧线的练习，同时还可练习各种不同形状的几何图形，如长方形、菱形、圆形等，手、脚、眼的协调配合，做到针迹（即针孔）整齐，直线不弯，弧线不出角，短针迹或转弯不出头。

(3) 引线缉纸练习。是在前面练习基础上进行的，在运转中要求做到不断线、不跳针、张力适宜、针迹平整。

通过以上训练，基本上能掌握使用机器的方法，但还要在缝纫实践中继续提高使用机器的能力。

二、各种缝的机缝方法

(1) 平缝：缝制时，把两层衣片正面叠合，沿着所留缝头进行缝合。要注意手法，保持上下松紧一致，达到上下衣片的缝头宽窄一样，上下衣片长短一样，见图 1.3.1。

(2) 分开缝：将二片平缝后分开缝头，用熨斗或手指甲把缝头分开。分开缝大多用于面料或零部件的拼接部位，见图 1.3.2。

(3) 倒缝：平缝后将缝倒向一边，用熨斗烫平，或用指甲刮平，一般用于夹里与衬布。见图 1.3.3。

(4) 搭缝：将缝头相搭合1cm，正中缝一道线，一般用于衬寸布或衬头。见图1.3.4。

(5) 来去缝：来去缝分两步进行。第一步将物料反面与反面叠合，缉0.3cm宽的缝头（如平缝状）；第二步将0.3cm缝头的毛丝修齐，翻折转正面叠合缉0.5～0.6cm宽的线。一般用于薄料衬衫的肩缝、衬裤等部件。见图1.3.5。

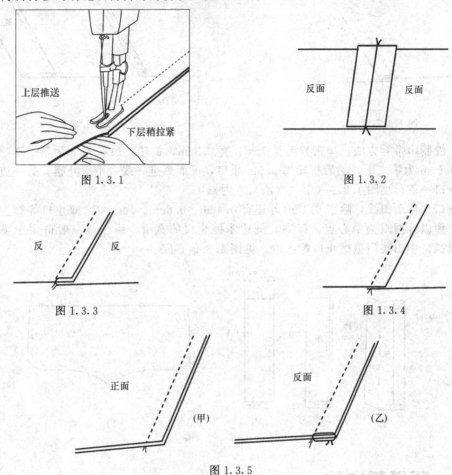

图1.3.1　　　　　　　　图1.3.2

图1.3.3　　　　　　　　图1.3.4

图1.3.5

(6) 外包缝：外包缝也是分两步进行。第一步将物料反面与反面叠合，下层包转0.8cm缝头，缝边缉0.1cm，然后反过来正缉0.1cm清止口，外包缝外形为双线，较美观，适用于男两用衫、夹克衫等服装。见图1.3.6。

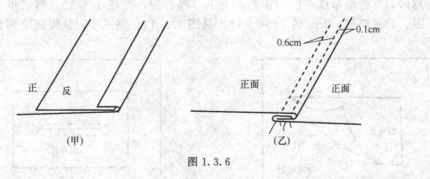

图1.3.6

(7) 内包缝：同样分两步，第一步将物料正面与正面叠合，下层包转0.6cm缝头，缉牢布丝边，然后翻身驳缉0.4cm单止口。见图1.3.7。

(8) 卷边：将衣片反面朝上，先卷好端部，送进压脚下，下层稍拉紧，拇指配合下面食指拉紧下层布料，可防止裂形。卷边的宽窄，常见的有，手帕的卷边是0.2cm，平脚裤脚口卷边是0.6cm，衬衫底边的卷边是1.5cm；上装底边和袖口的卷边是3cm。见图1.3.8。

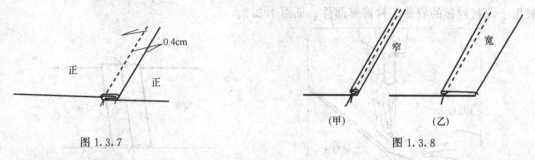

图1.3.7　　　　　　　　　　　　图1.3.8

(9) 缝制串带袢方法：串带袢毛长8cm，宽2.8cm，烫转一边0.7cm为第一道，再烫转另一边0.5cm为第二道；然后折转缉0.1m止口，反面离进一线，不得外露。另一边同样缉0.1cm止口一道。见图1.3.9（甲）、（乙）、（丙）。

缉止口也称明缉线，除了0.1cm外还有0.4cm、0.6cm、1cm单、双止口等等。操作的方法，一般以针洞眼为中心点，压脚右侧边掌握止口的宽窄，缉止口一般适用于袋盖、领头、门里襟、中山装门里襟止口等部位。见图1.3.9（丁）。

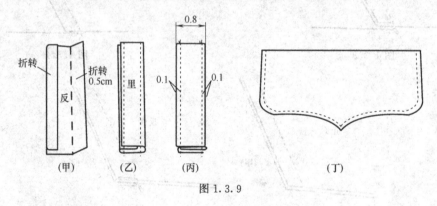

图1.3.9

三、开纽眼方法

它的眼布有两种，一种用直料，另一种用斜料。如果面料疏松，应将衬布贴于面料反面。方法如下：第一步，划眼。眼长按纽扣直径加0.2cm，眼宽0.6cm，成长方形状。再在眼布反面划眼，并把眼布放在面料正面，上下对准标记。见图1.3.10。第二步，按粉迹缉长方形纽眼，针迹略密，3cm约16～18针。见图1.3.11。第三步，从缉线中间剪开，两端剪成Y形。

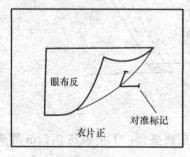

图1.3.10

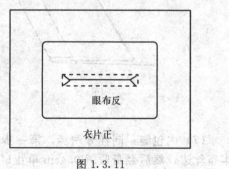

图1.3.11

四角绲线不可剪断，也不能离角太远。因为，剪断绲线，角要出毛，剪不足，翻出眼布后，四角起疙瘩，不平服，正确剪法见图 1.3.12。第四步，翻出眼布，两端绷紧，分别进行分缝烫平。然后按缝头宽烫转眼布。眼头烫成三角形，两边眼嵌应宽窄一致，四角方正平服。见图 1.3.13。第五步封眼口。把衣片翻过，露出眼布，在长方形状眼子两边各来回三道线封牢。反面将眼布缝头与大身衬缲牢。见图 1.3.14。这种方法一般用于女式上衣。

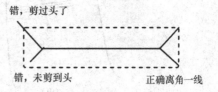

图 1.3.12

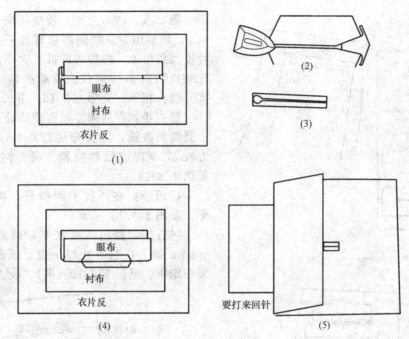

图 1.3.13

四、开后袋方法

服装的口袋式样繁多，一般可分为贴袋和开袋两大类。这里主要讲开袋。即使是开袋其式样也很多，例如有一字嵌线袋、双嵌线袋、密嵌线袋、滚嵌线袋等。学习各种开袋的方法时，要注意掌握其共性和非共性两个方面。从前面已学的开纽眼方法可以看出，开纽眼和开袋都是剪开织物料，因此称为开眼和开袋。它们的共性是都有嵌线，个性在于式样不同，外观效果不一样。因此可以根据服装款式的需要配上袋饰。通过开后袋练习和开眼练习，我们可以体会到它们的前几步基本相同，特别是双嵌线袋。它的区别在于后几步。眼子用绲的方法，留有纽眼，而开袋则放上袋布绲牢，做成袋。见图 1.3.15（甲）、（乙）、（丙）。

这里我们选择图 1.3.15（丙）图中后枪袋形作为基本练习，分以下七步操作。

第一步：做袋盖。①缝合面里，圆角正确，二格相等，里外均匀合适。②修剪缝头，圆头处要修窄，但不可毛出。③翻出袋盖，尖角要尖，圆头要圆，照规格缲袋盖止口。

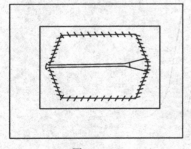

图 1.3.14

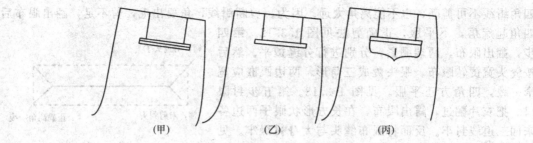

图 1.3.15

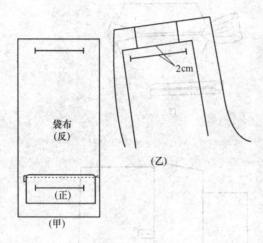

图 1.3.16

第二步：袋布上缉上袋垫一块，离上端约 6cm，然后用少量浆糊将袋布另一头粘在后裤片反面袋位处，按袋的高低、大小定位。袋布比袋口线高 2cm 定位。袋布两端（减去袋口大）缝头相等。见图 1.3.16（甲）、（乙）。

第三步：在后裤片正面袋位处，按袋口缉上袋盖和嵌线，缝头分别为 0.4m，两线距离 0.8cm，缉时嵌线稍拉紧，两头倒回针缉牢。见图 1.3.17。

第四步：在两线中间剪开，两头剪成 Y 形，见图 1.3.18。

第五步：翻出嵌线刮平，然后做出嵌线 0.8m，缉上 0.1cm 止口一道。反面将嵌线与袋布缉牢。见图 1.3.19（甲）、（乙）。

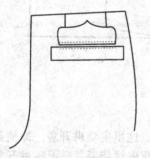

图 1.3.17

图 1.3.18

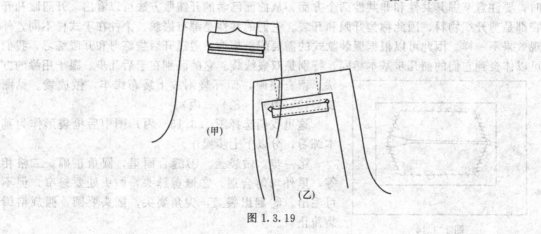

图 1.3.19

第六步：合缉袋布要注意袋垫高低位置，合缉后，将袋布翻出，缉0.5cm止口一道。见图1.3.20。

第七步：封袋口。袋盖摆平服，从左侧至右侧在裤片正面缉0.1cm止口一道。两头打倒回针五道，注意袋角光洁，方正平服，最后把袋布上口与腰节缉牢。见图1.3.21。

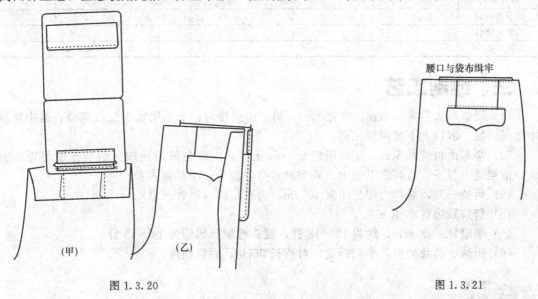

图1.3.20　　　　　　　　　　　　　　　　图1.3.21

第四节　平脚裤的练习

一、外形概述与外形图

内包缝明止口0.4cm，脚口卷窄边0.6cm，腰头缉三道线，穿两根橡根，贴小裆，后贴袋一只，见图1.4.1。

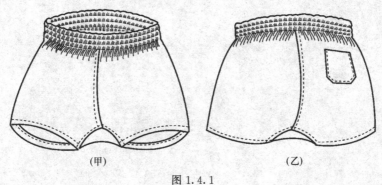

图1.4.1

二、成品参考规格

cm

臀围	85	90	95	100	105	110	115
裤长	31	32	33	34	35	36	37
直线	26.5	27.5	28.5	29.5	30.5	31.5	32.5

续表

横档	29	30	31	32	33	34	35
脚口	24	25	26	27	28	29	30
橡根毛长	39	41.5	44	46.5	49	51.5	54
纱绳毛长	105	110	115	120	125	130	135
后袋离档缝	8.5	9.5	10	11	11.5	12	12.5
后袋离腰口	7.2			7.5			7.8
后袋口大/深	8.5					8.5/9	

三、缝制工艺

（1）腰口贴边毛宽3.8cm，净宽3cm，缉三道线排匀，上下用宽0.5cm橡根，当中留洞串纱绳一根，洞口上下要回针三道。

（2）全部内包缝0.5cm，正面压缝0.4cm止口，内缝包好后压线。面料正面与正面叠合，前档缝上包下，后档缝下包上，外侧缝后身包前身，小档包大身。

（3）后袋一只，袋口边扣光净宽1.5cm，为双止口（回针三道）。

（4）脚口贴边宽0.6cm。

（5）明暗针一律3cm，约为16~18针，腰头橡根针码约为14~15针。

（6）折法：前身朝里，小档折进，对折长25cm，后袋朝外。

技法提示

反面包缝不能有宽有窄，正面缉线要顺直，止口不能有宽有窄，不能有漏落针；脚口斜势缉线不可拉断，不起链，不漏针，不能有宽有窄；腰头三道缉线基本顺直，不能将橡根缉住。

第二章 CHAPTER 2
西裤的缝制工艺

第一节 简易女裤缝制工艺

一、外形概述与外形图

装全根腰头，前裤片左右折裥各两个，侧缝袋各一只，后省左右各两个。右侧开门。见图2.1.1。

二、成品假定规格

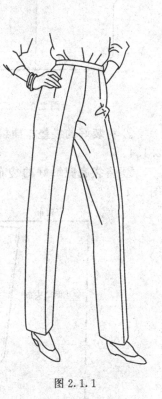

cm

部　位	尺　寸
裤长	100
腰围	68
臀围	100
脚口	40

三、缝制工艺程序

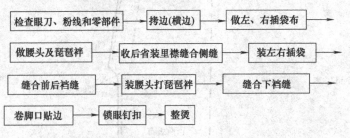

图 2.1.1

四、缝制工艺

一般均按上述缝制工艺程序进行。

（1）检查裁好的裤片（零部件）是否配齐，不能有遗漏。检查眼刀，如前腰口打裥眼刀、后腰口收省眼刀。检查钻眼是否有遗漏，例如插袋的高低大小，后省的长短。检查脚口贴边宽窄是否有粉线。如果是大批生产的裁片要检查编号是否对。这些都是开包检查范围，如果没有差错，方可进入第二步程序。

(2) 拷边。除腰口装腰头之外所有零部件都需要拷边。

(3) 做插袋布。

① 左插袋布。先把袋垫布放至插袋布的大半边，袋垫布缩进 0.5cm，里口沿拷边线缉一道。左右沿小半爿袋口缉牵带一根。见图 2.1.2。

② 右插袋布。袋垫布正面与右袋布大半边正面叠合沿着右袋布的大半边外口缉线 0.8cm。翻过来把止口袋垫布外露 0.1m 刮平，里口沿拷边缉线一道；见图 2.1.3（甲）、（乙）。

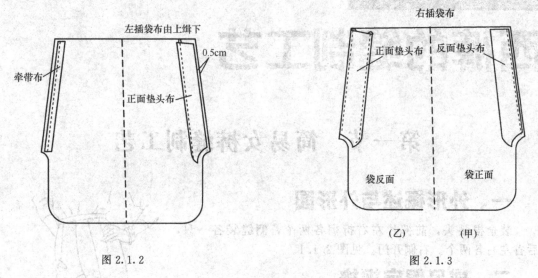

图 2.1.2　　　　　　　　　　　图 2.1.3

③ 将装好的袋垫布插袋布沿袋底兜缉 0.8cm 毛缝，袋口不要缉到头，留缝 1.5m，见图 2.1.4。

④ 将袋底兜缉好的袋布翻过来刮平，沿袋底边匿缉 0.3cm 止口，袋口留 1.5cm，见图 2.1.5。

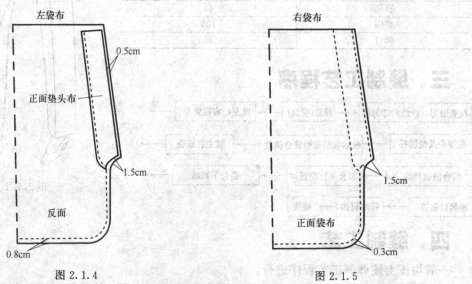

图 2.1.4　　　　　　　　　　　图 2.1.5

(4) 做腰头和琵琶祥。先把腰面的宽和长按腰围规格加放四周的做缝，把净腰衬放在腰面上，四周包缉线 0.7～0.8cm。初学者，用浆糊把面和衬粘牢，然后四周向里扣转，并将腰头烫干烫平。腰头一定要顺直，丝络不能弯曲或腰头宽窄不一。见图 2.1.6。

合绱腰面和腰里。腰里用本色原料，拼接在锁纽眼处，长 10cm 左右，上下两层在腰口处搭绱 0.15cm，清止口一道。见图 2.1.7。

做琵琶祥。琵琶祥长和宽按要求裁准确。面松里略紧；面长里短，面比里长 3cm 左右。正面合在里面，外毛缝绱线 0.8cm，将箭头折成三角形，然后翻出刮平。绱清止口 0.15cm 一道。后三角形刮成箭头形或烫平。见图 2.1.8。

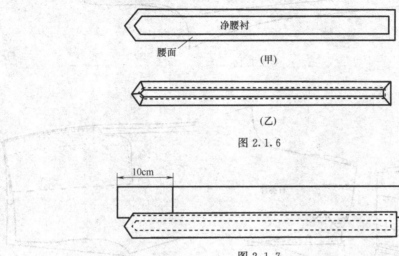

图 2.1.6

图 2.1.7

(5) 缝合侧缝。在缝合侧缝之前，先绱好后省，由大到小绱直，象钻形。省长和省大按规格。然后，右边的后裤片放在下层，先装上里襟。再把前裤片放在上层，从插袋口绱来回针，由插袋口向脚处绱线。

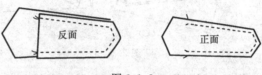

图 2.1.8

下层略紧，上层向前略推，脚口处平齐，绱线毛缝 0.8cm。袋口处缝头可以多一点，起落针一定要绱来回针。见图 2.1.9。

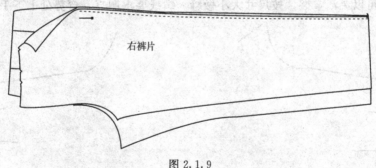

图 2.1.9

左边的后裤片放在下层，前裤片放在上层，从脚口开始，由脚口平齐向袋口处绱缝，在袋下口处绱来回针。上口处绱来回针后，向腰口绱缝，起落针一定要绱来回针。见图 2.1.10。

(6) 装左右插袋。女裤右侧开衩。装插袋时左右两侧不完全相同。装右侧袋口时把里襟移开，把袋布小半边袋口与前裤片侧缝袋口搭绱一道，不剪断绱线，装左侧袋，沿前裤片侧缝袋口锁边缝，将袋布塞进不能有出入，绱线一道。见图 2.1.11。

然后，把左右两侧袋口刮平，正面绱 0.8cm 的袋口直线，左侧袋口袋垫布与后裤片侧缝绱分开缝，不可将袋布绱牢。再把后袋布折缝复盖在袋垫布的分开缝上，沿后侧缝锁边线

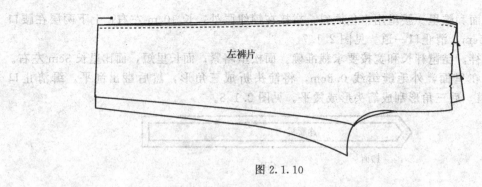

图 2.1.10

缉一道直线。见图 2.1.12。

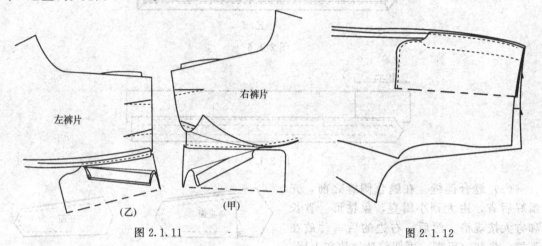

图 2.1.11　　　　　　　　　　　　　图 2.1.12

将左右插袋缉进，左右两侧袋口高低大小一致，缉好封口，缉来回针四五道。同时将前腰口的两褶和袋布一起摆平缉牢。见图 2.1.13、图 2.1.14。

（7）缝合前后裆缝。缉前后裆缝时，首先要量准腰围规格，前裆缝基本上按 0.8~1cm 缝头，后裆缝可以灵活掌握，按尺寸大小做缝。缉线要求顺直，弯势处上下手拉紧，缉双线

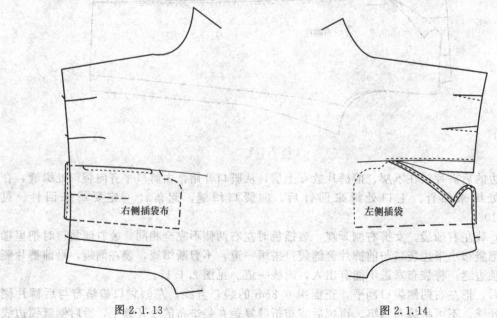

图 2.1.13　　　　　　　　　　　　　图 2.1.14

（重叠线），这样可以增加牢度，防止一拉就暴线。上下层不能有松紧，前后裆缝要求相同。见图 2.1.15。

（8）装腰头、钉琵琶袢。将腰夹里刮平（或者烫平），腰头夹里劈准，腰里比腰面宽 0.6~0.7cm。在腰里和裤子腰口（除里襟宽），按腰口大 1/2 和腰里的 1/2 各放对眼刀。缉线毛缝 0.8cm，腰里略紧一些，以防还口。见图 2.1.16、图 2.1.17。

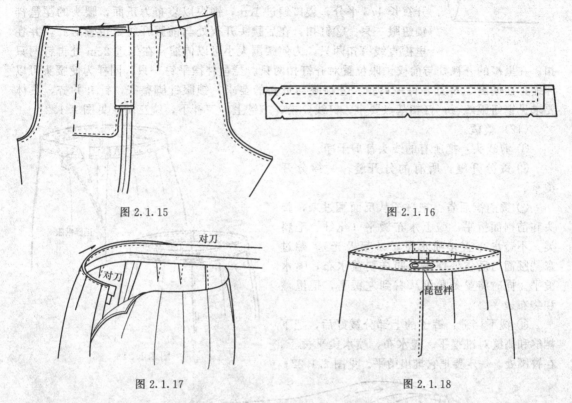

图 2.1.15　　　　　　　　　　图 2.1.16

图 2.1.17　　　　　　　　　　图 2.1.18

腰头装上后，驳过来，把右侧开衩处的夹里腰头琵头角折好，完全和腰面琵琶头相符，止口不能外吐，压腰头时，下层略带紧。清止口 0.15cm，缉线要顺直，不能缉牢腰里，不能起链形。

琵琶袢应该钉在腰口的侧缝中间，由前向后扣，即琵琶袢大头朝前，小头朝后。缉线清止口 0.15cm。见图 2.1.18。

（9）缝合下裆缝。脚口对齐，前后裆缝对准，缉线顺直，毛缝 0.8~1cm。中裆至裆底处缉重叠线两道。见图 2.1.19。

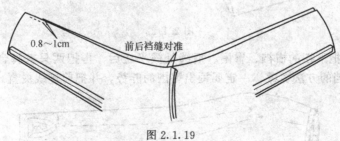

图 2.1.19

（10）卷脚口贴边。缝纫机的底面夹准，底线略松，面线稍紧，脚口贴边按规格，由下裆缝线起针，脚口兜缉一周，接线处不能有双轨，并把接线叠接 1cm，不可脱线，线头剪净。见图 2.1.20。

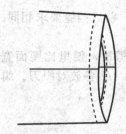

图 2.1.20

卷脚口贴边还可绷三角针。

(11) 锁眼钉扣。①锁眼：锁眼的位置，女裤腰头有两种。一种是宽腰头，腰头宽 4cm，在开衩前腰头处上下两只纽眼，间距 2cm，外口处偏进 0.8cm，要求平齐，纽眼大 1.5cm。另一种是窄腰头，腰头宽 3cm，可以锁一只纽眼（或用裤钩）。开衩处上下两只纽眼，以开衩长 1/3 平分，袋口偏进 1cm，锁眼以袋布为正面，腰头的琵琶袢锁纽眼一只。②钉扣：在后腰头开衩处与前腰开纽眼位置对齐，并在里襟直线钉扣两只，为使腰围大小可以伸缩，在偏进 2cm 处再钉两只扣。在里襟的开衩处与前衩锁眼位置对齐钉扣两只。琵琶袢摆平钉一只，同样为使腰头可以伸缩，在偏出 2cm 处，钉一只扣。③锁眼与钉扣的要求：锁眼针脚整齐，针针并齐，具体要求见锁纽眼练习；钉扣基点要小，钉线要松，三针上，三针下，绕三圈。见图 2.1.21。

(12) 整烫。

① 剪线头：把所有的线头都剪干净。

② 烫分开缝：所有的分开缝，一律分开烫平。

③ 烫前裆后省：把裤子从反面翻过来，腰头和前裆面折平，盖上水布烫平（化纤、毛料类，不盖水布直接喷水烫，易起极光）。翻过来把腰面与后省处摆平，同样要盖水布，喷水烫平。同时将整条腰里从右到左烫平，把里襟和袋布烫平。

④ 烫下档缝：裤子的上部分烫好后，把下档缝和侧缝对准摆平。盖水布，喷水烫平烫干。在臀围处，一定要把它推出烫平。见图 2.1.22。

图 2.1.21

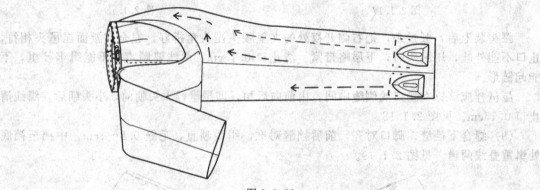

图 2.1.22

⑤ 烫侧缝：把下档的横档、臀围、后缝处烫平之后，再把两只裤脚合拢摆平，盖上水布，喷水按烫下档的方法熨烫，一定要烫出臀围的胖势，并把前迹线烫直。见图 2.1.23。

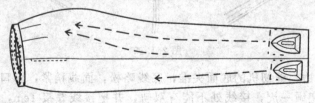

图 2.1.23

规格尺寸完全符合标准,锁纽钉扣绕脚要符合要求,整烫无焦、无黄、无极光、无污渍。

整条裤子无线头,左右袋袋口平服,高低一致,腰头宽窄一致,明缉线宽窄一致,琵琶衩两边三角正确。前后裆缝与下裆缝无双轨线,无暴线,腰头、腰里,里外均匀。不可将腰里缉牢。

第二节 毛料男西裤精做缝制工艺

通过女裤缝制工艺的实习,我们初步掌握了女裤工艺的操作程序及缝制方法。本节着重讲述毛料男西裤精做的缝制工艺。

一、外形概述与外形图

装腰头,串带袢7根,前裤片左右插袋各一只,正裥各两只,后裤片左右省各两只,左右后裤片开后袋各一只,门襟锁眼钉纽,外翻脚口。见图2.2.1。

二、男西裤裁片

前裤片两片,后裤片两片,腰面两片,腰里、衬各两片,串带袢7根,门襟三片(面、里、贴),里襟面、衬、里各一片。后袋嵌线、袋垫各两片,插袋袋垫二片,侧缝直袋布两片,后袋布一片。

三、规格要求

(一)成品规格

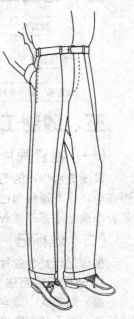

图2.2.1

cm

					备注
腰围	70	72	74	76	
裤长	100	102	104	106	
臀围	98	100	102	104	
横裆	32	32.6	33.2	33.8	后窿门是$\frac{H}{20}$
直裆	28.5	29	29.5	30	
中裆	24.5	25	25.5	26	
脚口	24.5	25	25.5	26	
后袋口大	13.2	13.5	13.8	14	按$\frac{1.35}{10}H$
直袋口大	15.2	15.5	15.8	14	
前腰大	16.5	17	17.5	18	$\frac{W}{4}-1$
后腰大	18.5	19	19.5	20	$\frac{W}{4}+1$
后袋口距腰	7	7	7	7	

注:H为臀围,W为腰围。

（二）小规格

cm

腰面宽	4	串带袢长/宽	4.5/0.8
腰里宽	5	后袋嵌线宽	0.8
门襟宽	4.5	脚口贴边	4.5
门襟辑线宽	3.6	表袋口大	基本按腰围$\frac{1}{10}$
里襟宽	3.5	脚口如有外翻边宽	10
小档缝三角相等	0.8		
小档缝高	1.5		

四、缝制工艺

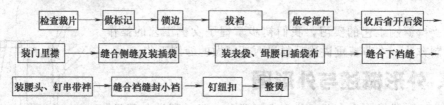

五、缝制工艺

（一）检查裁片

成批流水生产的毛料西裤检查裁片。首先将裁片的毛坯劈准，然后检查片数与零部件是否齐全，检查规格和色差是否符合要求；单条独做者或者自裁自做者，只要检查眼刀和粉线是否准确、零部件是否齐全即可。

（二）做标记

做标记就是在裁片的某一个部位上做记号。

1. 做标记的方法

（1）划粉线 适宜于裁剪棉布、化纤类面料。由于粉迹容易脱落，对白色和浅色衣料容易污染，对毛料面料也不够理想。

（2）眼刀和钻眼 只能用于布料不能用在毛料面料上，因为毛料上根本看不出钻眼的痕迹。

（3）打线钉 是毛料服装常用的标记方法。线钉可表示衣片各部位缝头大小和配件的装置部位，缝制时可利用线钉的对称作用达到左右一致。

在毛料上打线钉用的是白棉纱线，用双线。在需要做标记的部位，可以单针或者双针擦线，一般间距在4cm左右，也可根据需要调整。线钉的针脚露面都不宜过长，约为0.3cm长。在两裁片中间剪断时，上下层所留的线钉过长容易脱落，过短难以错拔，会失去线钉的作用在剪线钉时应用剪刀头去剪，剪刀要握平，眼手要协调，防止剪破裁片。

2. 需要打线钉的部位

一般在前裤片的裆位、袋位、封小档高、中档高、脚口贴边、烫迹线和后裤片的省位、后袋位、后档缝的做缝、中档高、脚口贴边、后下档缝等处。如有微缝，要把做缝余地也打好线钉。零部件不需要打线钉。见图2.2.2。

（三）锁边

毛料男西裤的锁边和女裤的锁边相同，都是面料朝上，沿着毛边切掉0.1cm毛边。右手拿着裤片的一边，左手拿着裤片的另一边，随着锁边机前进。除腰口外，其余部位都要

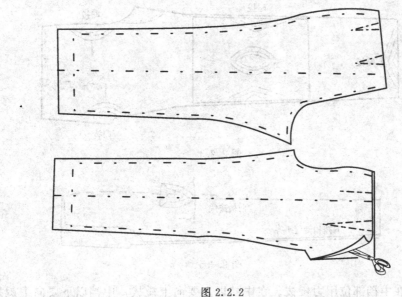

图 2.2.2

锁边。

零部件的锁边：门襟边、里襟下层、插袋袋垫布、表袋袋垫布，后袋袋垫布等均要锁边。

锁边时要注意右手稳住，不能随便移动，左手动作要快，将裤片摆平随机前进。思想要集中，碰到障碍物立即停车，以防裤片沿锁边弯曲，甚至锁坏裤片。

锁小裤底与贴脚绸时要先将其擦好，然后一起锁边，见图 2.2.3。

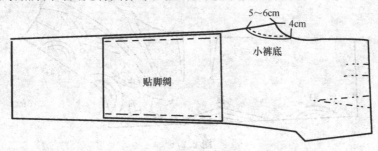

图 2.2.3

（四）拔裆

俗称拔脚，也就是归（即缩短）、拔（即伸长）、推（即推向一个方向）。通过熨斗在平面裤片上的运动，利用归、推、拔工艺使裤片成为符合人体曲线的形状。

(1) 前裤片的拔裆。前裤片拔裆比较简单。先将两片裤片重叠。在臀围插袋胖出处和前直裆胖出处，都要归进。在中裆两侧拔开，使侧缝和下裆烫成直线。在膝盖处归拢。脚口略拔开。在归拔时，裤片靠近自己的身体。见图 2.2.4。

(2) 前裤归拔之后，再将腰口的两裥按线钉标记用扎线定好，在正面盖上水布喷水烫平，然后，再把下裆缝合，侧缝折叠平齐，以前烫迹线的线钉为标记，盖上水布，喷水烫平。一定要按归拔要求折烫。如：下裆缝和侧缝烫成直线。烫迹线由前裥向下，膝盖处略归，烫成直线。见图 2.2.5。

(3) 后裤片的归拔。后裤片拔脚难度比较大，也是两片裤片重叠。

① 先把后片的下裆缝靠身边摆好。

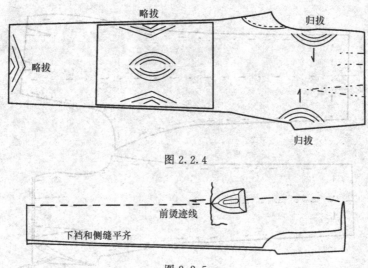

图 2.2.4

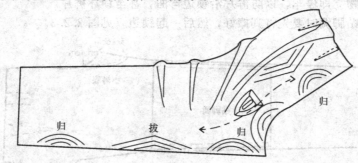

图 2.2.5

② 喷水,在中裆部位用力烫拔。在中裆以上要向上烫拔,中裆以下要向下烫拔。小腿处略归。

③ 在烫拔的同时,中裆里口要归拢,归至中裆烫迹线处。

④ 在喷水烫拔中裆时,窿门以下 10cm 要归拢。

⑤ 窿门的横丝绺处要拔开。

⑥ 后缝中段归拢一些,形成臀部胖出的形状。见图 2.2.6。

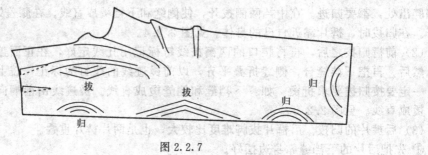

图 2.2.6

⑦ 将侧缝转过来靠身边摆平,继续喷水归拔熨烫。

⑧ 把中裆部位的凹势略拔开,在伸长的同时,里口也要归拢,归至中裆烫迹线。

⑨ 在侧缝臀围胖势处要归直。

⑩ 在中裆以下略归。

⑪ 脚口低落处略归。见图 2.2.7。

⑫ 把侧缝与下档缝合拢，后烫迹线喷水归拔烫成曲线形。用左手伸进裤片的臀围处，用力向外推出。再用熨斗在推出的胖势处，来回熨烫。为使熨烫部位不走样，在下档的窿门处，压上铁凳，这样使臀围烫圆。见图 2.2.8。

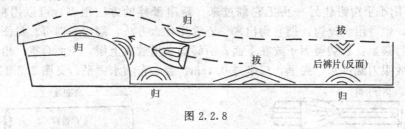

图 2.2.8

(4) 拔档的质量要求。归拔位置要准确，一定要符合人体，烫干烫挺，切不可烫焦烫黄。尤其是后裤片，一定要把臀部烫出。臀部以下的烫迹线要归，下档和侧缝两缝重叠烫成直线。归拔后，让其冷却定型。

（五）做零部件

(1) 门襟：白漂布作门襟衬布，衬在门襟反面，也就是放在最下层，中间门襟面子朝上，放在衬布之上。上一层是羽纱夹里正面与门襟面子叠合沿门襟外口缉线 0.6cm 一道，下口弯势处放眼刀，缉线不要有吃势。见图 2.2.9。

在翻过来止口处坐 0.1cm，把门襟面子摆平，盖水布喷水烫平烫煞。将门襟贴边放在最下层，里口缉线一道，然后锁边。门襟外口的贴边露 0.8~1cm，用剪刀修齐。见图 2.2.10。

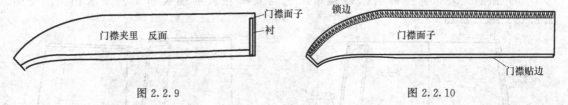

图 2.2.9   图 2.2.10

(2) 里襟：白漂布作里襟衬布，将该衬布放在里襟夹里反面，在里襟的外口缩进 1.5cm，并将夹里折转用少量浆糊搭牢烫干烫平。见图 2.2.11。

把里襟的面子正面与里襟的里子正面重合，里襟外口缉线一道，在箭头弯势处放好眼刀，在箭头上口与腰口衔接处也放一眼刀。放眼刀切不可剪断线头或剪过线，以防毛出脱线。见图 2.2.12。

把止口毛缝扣转烫平翻出，用攘纱线将外口定平，盖水布喷水烫平烫煞。见图 2.2.13。

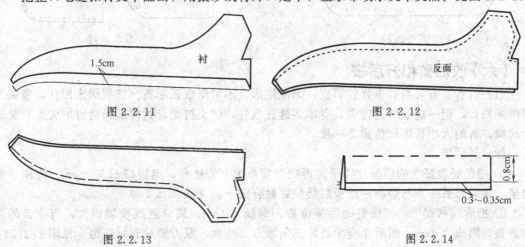

图 2.2.11   图 2.2.12

图 2.2.13   图 2.2.14

(3) 串带袢：

① 将毛缝折转缉线，串带袢 0.8cm。缝头 0.3～0.35cm。见图 2.2.14。

② 把缉线的毛缝喷水分开烫平。见图 2.2.15。

③ 然后用小手钳钳住另一头把它翻过来。翻串带袢的方法很多，可以用粗丝线一串，把它拉出来，也可用钢丝钩，把它钩出来。不管用什么方法，翻出来即可。见图 2.2.16。

(4) 做后袋盖：后袋盖面子放在下面，后袋盖夹里放在上层，正面合拢，沿外口缉线一道。弯势处放眼刀翻过来，夹里止口坐进 0.1cm。盖水布喷水烫平。见图 2.2.17。

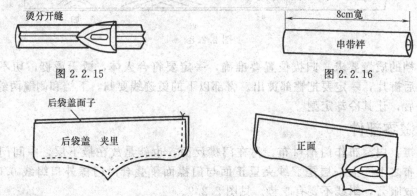

图 2.2.15　　　　　　　　　图 2.2.16

图 2.2.17

(5) 做前插袋布：男裤前插袋袋布工艺与女裤左袋前插袋布工艺要求相同。见图 2.2.18、图 2.2.19。

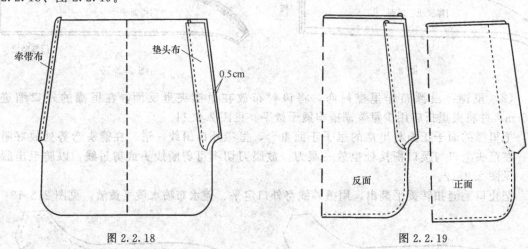

图 2.2.18　　　　　　　　　图 2.2.19

（六）收后省和开后袋

(1) 收省：省尖与省根要收顺直，缉成锥形，不可缉成弧形省。省根缉来回针，省尖不要缉来回针，但一定要缉过省尖，空车多缝五六针，线头打结，这样既保持省的尖头，又不会脱线。省的大小长短和位置要一致。

(2) 开后袋：

① 把已经收好省的后裤片烫平。再把后袋布缉上袋垫布，离腰口 5.5～6cm。再用少量薄浆，将袋布另一头与后裤片反面后袋位置黏合烫干。见图 2.2.20。

② 把后袋布摆平，按线钉的后袋位置，缉线 0.4cm。袋口嵌线按袋口大，与袋盖的两角垂直，缉线 0.4cm。然后在袋角处放三角眼刀。注意，眼刀要放到缉线边。见图 2.2.21。

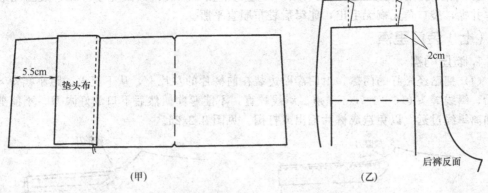

图 2.2.20

③ 放好袋口眼刀后，首先把袋嵌线翻到里面，烫分缝，再把袋嵌线烫宽 0.8cm，缉线在分开缝中，将袋布摆平，嵌线边和布袋缉牢。把后袋盖向下摆平，正面朝上，盖上水布，喷水烫干烫平。见图 2.2.22。

④ 后嵌线缉后，袋盖烫平，再把腰口翻平，袋盖内缝和袋口连同袋垫布一起缉牢，同时把袋角两边封口缉来回针四五道。然后将袋布摆平，毛边折进，兜缉 0.3cm 止口一道，腰口一起缉牢。见图 2.2.23（甲）、（乙）。

(3) 收后省和开后袋的质量要求：

① 收后省的质量要求。收省长短和收省大小及收省的位置距离都要求左右对称、相等。省尖头顺直，省缝向后缝坐倒。烫平烫煞。

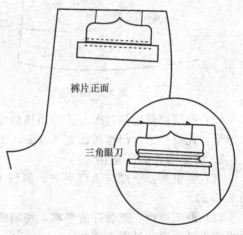

图 2.2.21

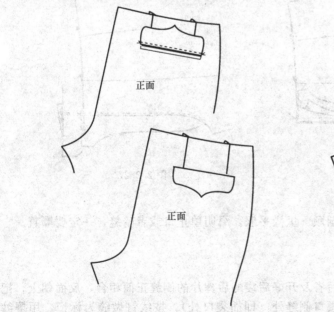

图 2.2.22

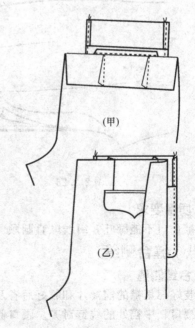

图 2.2.23

第二章 西裤的缝制工艺

② 开后袋的质量要求。袋盖平服，两边宽窄相等，袋口嵌线宽窄一致，袋盖与袋嵌线基本并拢，袋口角无裥无毛出，兜绱后袋布顺直平服。

（七）装门里襟

1. 装压门襟

（1）把已经做好的门襟，由门襟贴边装在前裤片的左片上，从下至上，距小裆弯 4.2cm 开始，缉线缝头 0.6～0.7cm 一道。缉线顺直，不能弯曲。然后下口放好眼刀。不能剪断缉线和离缉线过远。以免造成裤片毛出或打裥。见图 2.2.24。

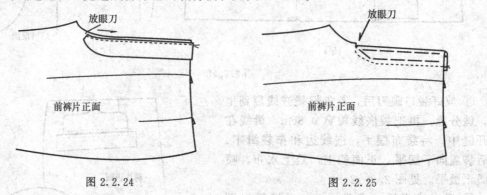

图 2.2.24　　　　　　　　　　图 2.2.25

（2）把门襟贴边翻过来，止口用攮纱定好、摆平，正反面盖水布喷水烫平。再将门襟正面摊平，扎线一道。门襟缉线宽 3.6cm，缉线顺直，圆头圆顺。见图 2.2.25。

2. 装里襟和翻压里襟

（1）装里襟：里襟与腰口平齐，缉线 0.8cm，从上口缉至里襟的小头。缉线顺直。见图 2.2.26。

（2）翻压里襟：把装好的里襟，将缉缝喷水烫分开缝，然后再把里襟的夹里复进摆平，明缉清止口一道。见图 2.2.27。

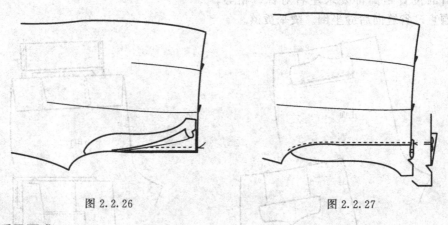

图 2.2.26　　　　　　　　　　图 2.2.27

3. 质量要求

门襟止口不能翻吐，缉线顺直圆顺。里襟平服，缉明单止口或者暗缝，一定要顺直。

（八）缝合侧缝

1. 合缉侧缝

把装好门里襟的前裤片和收好后省及开好后袋的后裤片的侧缝正面相合，反面朝上，把脚口、腰口、中裆处的线钉对齐。腰口侧缝处（即插袋口处），按线钉做缝为标记，用攮纱每隔 4～5cm 定一针，沿着侧缝边，在插袋以下保持离布边 0.8～1cm 距离。左右两格裤片攀线要求相同。见图 2.2.28。

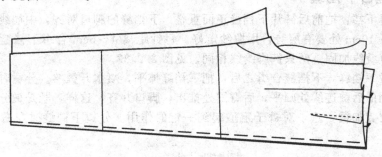

图 2.2.28

先缉右侧缝（装有里襟一格），由上向下缉。左侧缝（即门襟格），由下向上缉。在插袋口处，缉好来回针。缉侧缝与女裤左侧缝相同。然后把侧缝喷水，烫分开缝。口袋处，正面盖上水布，喷水烫平。

2. 装插袋

装插袋的要求与女裤左侧袋要求相同，详见图 2.1.11（乙）、图 2.1.12、图 2.1.13。插袋装好后，正面朝上，下垫布馒头，上盖水布，喷水烫平。

3. 质量要求

左右袋口大小和封口高低要一致，袋口缉线宽 0.8cm，袋口侧缝平服。

（九）装表袋、缉腰口插布袋

（1）装表袋：首先将袋垫布缉在表袋布上，然后把表袋布转折兜缉三边。见图 2.2.29。

（2）把已做好的表袋贴在右裤片正面腰口，从前裆缉，缉线 0.6cm。表袋口大 7.5cm，或按规格要求。表袋口毛边缉线后，两角放眼刀。见图 2.2.30。

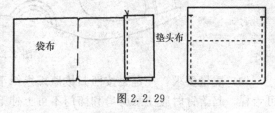

图 2.2.29

然后，把表袋翻过来，止口坐进，袋角摆平，并把前两裆摆平，下垫布馒头，上盖水布、喷水烫煞平。然后把腰口、表袋、插袋布、前裆一起合拢摆平，缉线一道。使前腰大小固定，左右两格相同。见图 2.2.31。

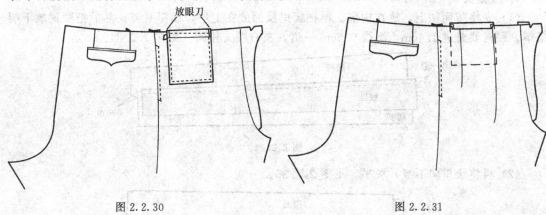

图 2.2.30　　　　　　　　图 2.2.31

（3）质量要求：做表袋、缉腰口插袋布时，袋布一定要摆平。收前裆时要量准前腰围的规格尺寸，前左右腰口大小和前裆位一定要对称。

(十)缝合下裆缝

(1)攥绲下裆：把前后裤片下裆缝正面重叠，下裆缝的脚口对齐，中裆线钉对准，后下裆在窿门以下 10cm 处要有层势，用攥纱定好，每针距离 4~5cm 合绲下裆缝，在中裆以上部可以再绲重叠线加固。两只裤脚绲线相同。见图 2.2.32。

(2)分烫下裆缝：下裆缝合绲之后，把下裆缝摊平，喷水开烫煞。分烫时，要把中裆处拔长，在中裆的后烫迹线处归平，后臀围处推出，脚口并齐，这样，既是烫分缝又再一次顺便把归拔的位置加烫一遍，对裤子定型起到一定的作用。分烫下裆缝时左右裤片相同。见图 2.2.33。

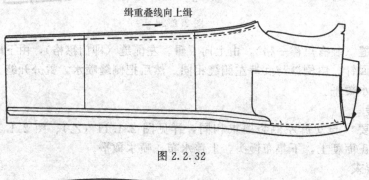

图 2.2.32

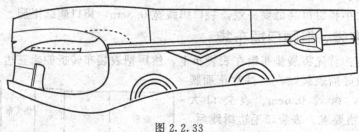

图 2.2.33

(3)质量要求：一定要按照归拔原理攥绲下裆缝，分烫下裆缝要烫平烫煞。下裆绲线不可走样，起落针时应注意脚口和窿门不可上伸下层。

(十一)装腰头，钉串带袢

1. 做腰头

(1)先将腰面朝上，放在中层。再把腰里反面放在上层，面里平齐。然后把腰衬放下层搭绲。腰衬要叠进 1.4cm，绲线 0.6cm 一道，左右腰头相同。见图 2.2.34。

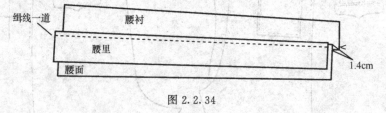

图 2.2.34

(2)再将腰里向下复，烫平。见图 2.2.35。

图 2.2.35

(3) 用少量浆糊把腰衬下口刷好,再把腰里扣转烫干烫平。见图 2.2.36。

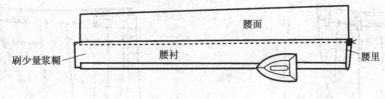

图 2.2.36

(4) 腰头上口按腰衬宽,腰里向下坐 0.8cm,腰头正反两面都要烫平烫煞,腰头下口比腰头毛缝宽 0.3cm。见图 2.2.37。

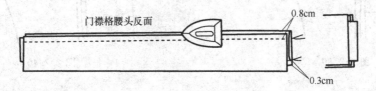

图 2.2.37

2. 装腰头

(1) 装腰头:从门襟格开始,让腰头的腰面与裤腰口重合缉线一道,缝头 0.7cm。装里襟格的腰头,从后缝的腰口开始,向里襟处缉。在前裆处、侧缝处、后两省之间、后缝处,共装进串带袢 7 根。见图 2.2.38。

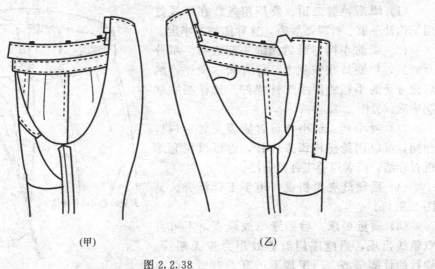

(甲)　　　　　　　　(乙)

图 2.2.38

(2) 压腰头:压腰头之前,先将腰头定攥好,然后缉漏落针,不可将腰面辑牢,又不能离腰头太开,缉至后省止,这是一种做法。另一种做法是腰头暂时不定攥,先缉后缝的小裆,然后在后腰头上口窗 1.5cm,辑来回针,腰头复转,将全条腰里复进定攥,裤钩钉好,再缉漏落针的全条腰头。

一般采用后面一种方法。后一种做法的工艺程序是先缉后缝,后压腰头,再钉串带袢。腰头压缉好后,正面盖上水布,喷水烫平。见图 2.2.39、图 2.2.40。

(3) 钉串带袢:在装腰头时已经装进串带袢,正面的串带袢下口离下腰 0.8cm 左右处缉来回针,钉串带袢上口离腰口 0.6~0.7cm,缉来回针四五道,后缝居中,两格串带袢

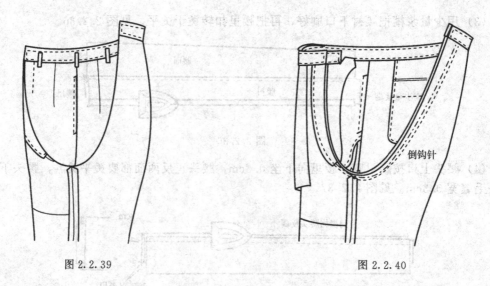

图 2.2.39　　　　　　　　图 2.2.40

对称。

(4) 质量要求：左右前腰大小相同，两格腰头宽窄对称，腰头无链形，腰里不宜过松，反面的腰里余势顺直，腰围规格量准，七根串带袢长短按规格，门里襟处的腰头一定要和门里襟平齐，裤钩按腰宽居中，不可外吐。

(十二) 缝合后裆缝及封小裆

缝合后裆缝前面已经讲过，现在再讲一下有关手工工艺的问题。

(1) 缉后裆缝二道。要用粗丝线在缉线处用倒钩针一道、针脚需要密，这样能增加牢度。

(2) 缉前小裆与缉后裆缝一起进行。缉分开缝后，裆底放在铁凳上，分开喷水烫平。然后把分开的小裆缝用手工针缲好。这样裆底就能平服。见图 2.2.40。

(3) 封小裆：封小裆与封插袋及封后袋口相同，可以用缝纫机缉来回针，也可以用套结机打套结，或者用手工针打套结。

(4) 后硬缝夹里拼拢，用手工针缲齐。见图 2.2.41。

(5) 质量要求：后裆缝缉线顺直，不可有双轨线出现，后缝窿门斜势处用力拉无断线。钩针的针脚整齐。门里襟不可有长有短，前小裆一定要能摆平。

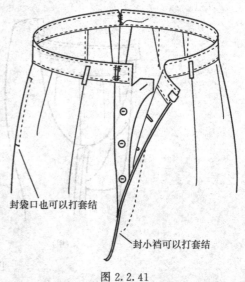

图 2.2.41

(十三) 锁纽眼钉纽扣

(1) 锁纽眼：门襟锁眼四只上下排匀。里襟箭头锁眼一只，后袋袋盖锁眼一只，外口锁圆头。

(2) 钉纽扣：钉纽扣与纽眼对齐。钉扣要绕脚，绕脚高根据原料厚度而定。见图 2.2.41。

(十四) 脚口绷三角针

根据裤长规格加翻边宽，把裤贴边翻上，先用擦线定好，然后绷三角针。在脚口翻边处按后烫迹缝居中绱上贴脚边,翻上翻边烫煞两边的暗针。见图 2.2.42。

(十五)整烫

裤子的整个缝制工艺完成后,要进行整烫。

(1) 将裤子反面的所有分开缝一律喷水烫平。再翻过来,把裤子正面的前裆与门里襟摆平,下垫布馒头,盖水布,喷水烫平。两边插袋口及腰头、后省缝、扣袋盖,都要下垫布馒头,上盖水布,喷水烫平。

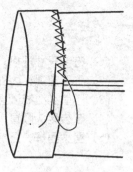

图 2.2.42

(2) 把下裆与侧缝重叠,前后烫迹缝摆平。先拿开一只裤辫,另一只裤脚翻好外翻边,盖上水布,喷水烫平烫煞。见图 2.2.43。

(3) 内侧烫平之后,翻过烫外侧,盖水布喷水烫平,再盖干布,烫干烫煞。见图 2.2.44。

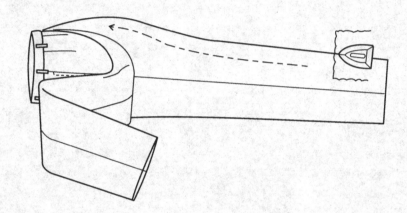

图 2.2.43

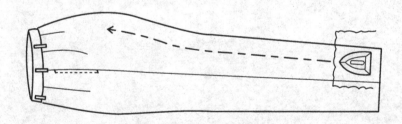

图 2.2.44

(4) 锁眼、钉扣、绷三角针及整烫的质量要求

① 开眼高低、位置排匀。锁眼按纽扣大小放大 0.1cm。锁眼不可毛出。

② 钉扣和锁眼位置必须相符。

③ 绷三角针,针脚要细、要密、要齐,脚口宽窄一致,脚后跟贴脚边与脚口平齐略外露 0.1cm。

④ 整烫:裤面料上不能有水迹,不能烫黄、烫焦,前后烫迹线要烫煞,后臀围按归拔的原理将其向外推平,臀部以下要归拢,裤子摆平时,一定要符合于人体。

技法提示

（1）符合尺寸规格。
（2）外形美观，内外无线脚。
（3）门里襟缉线顺直，在封口处无起吊。
（4）做装腰头顺直，串带袢左右对称。
（5）整烫西裤，符合归拔要求，同时符合人体要求。

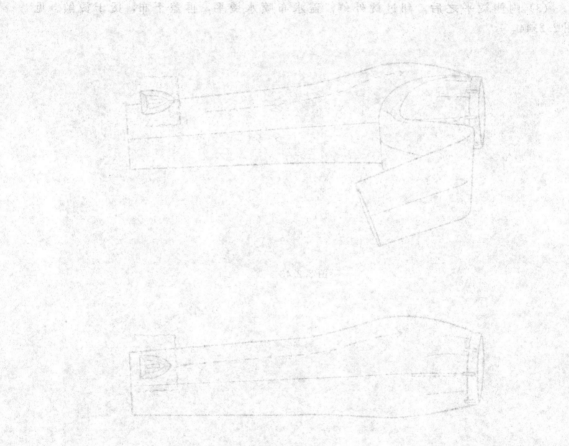

第三章 CHAPTER 3

中山装缝制工艺

第一节 布料中山装缝制工艺

中山装缝制工艺难度较大，原因是外表的部件较多，如：袋、袋盖、领头左右要求对称，缉止口要求宽窄一致，里外匀，要求正确等。缝制好布中山装将为缝制男呢中山装打下良好基础。

布中山装止口的缝制分为单止口、双止口两种；缝头的缝制工艺有分开缝、里包缝两种，这里介绍的是单止口、分开缝中山装。

中山装外形式样及其它要求

一、外形概述与外形图

关门领，领头分为里、外领（即上盘、下盘），圆袖、袖口设假袖衩，左右各钉装饰扣三粒，左右、大小外贴袋各两只，装袋盖，明门襟，胸胁省二只，外领以及左右襟大小均缉单止口，肩缝、摆缝、袖子前后袖缝为分开缝。见图 3.1.1。

二、裁片组合

①首身两片；②后身一片；③大小袖各两片；④大小袋各两只；⑤大小袋盖面里各两片；⑥左右襟贴边两片；⑦里外领面里各二片。见图 3.1.2。

三、规格要求

1. 成品假定规格

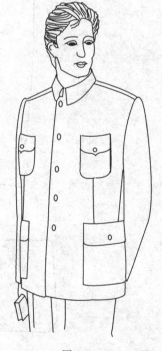

图 3.1.1

单位：cm

部 位	衣长	胸围	肩宽	领围	袖长	袖口
尺 寸	72	110	45	41	59	16

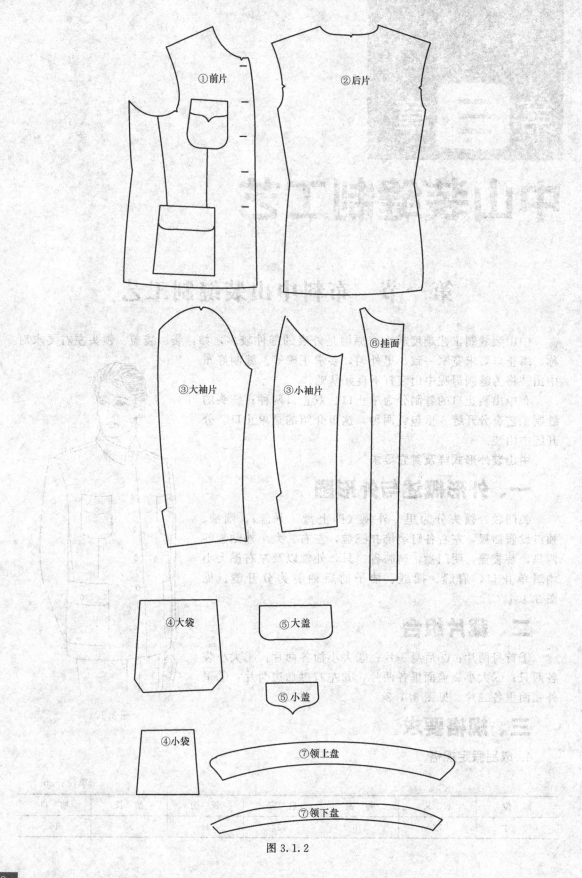

图 3.1.2

2. 零部件规格

cm

部位	挂面宽上/下	袖口下摆贴边宽	单止口缉线宽	滚袖窿净宽	第一眼位距缺嘴止口
尺寸	7.2/5.2	3	0.4	0.8	1.8
部位	门里襟缺口嘴大	大小袋口缉线宽	插笔洞大连外口	大小袋口用垫纽布长/宽	袋盖眼子距边沿
尺寸	2/2.3	1	1	3/3	1.6

四、中山装缝制工艺流程

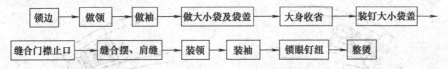

五、缝制工艺

（一）锁边

（1）前后衣片底边、摆缝、肩头（面子朝上）。

（2）大小袖片袖缝、袖口（面子朝上）。

（3）挂面里口锁边，大小袋上口锁边，其它零部件均不要锁边。见图3.1.3。

（二）做领

（1）做下盘里领。领下盘衬，比原样板窄0.2cm，将两层领衬放在下盘里领反面，用浆黏合四面扣转后，缉0.7cm单止口一道，折转角要正反。把领钩、领袢钉放在衬头上面，不要搞错方向（钩左袢右），领袢伸出0.2cm，领钩沿口平齐，见图3.1.4。

（2）做方盘领。先将薄衬烫在树脂衬上，薄膜领衬上涂浆糊，黏合在领夹里反面，下口夹里留0.7cm缝，

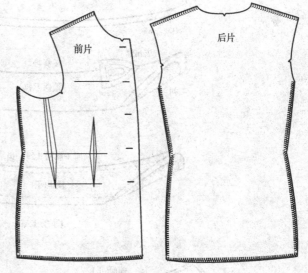

图3.1.3

其余缝头均留在上口，领中部烫牢，衬头两边在领里上烫，烫时领里在角的方向外拉。边向上翻，这样两头领角就有充分的里外均匀窝势，再沿衬头缉0.4m线一道，然后把上口和两边的缝头修齐，宽窄一致。见图3.1.5。

（3）缝合领里与领面。领面放下面，正面向上与领里叠合，缉线距衬头0.1cm，领角面子两端要放吃势，使翻出后的领两端有里外匀窝势。见图3.1.6。

（4）翻领将缝头修成0.5cm，圆头的缝头要窄，将领面翻出，圆头要翻实，圆顺。

（5）缉领面止口。在领面上缉0.4cm单止口，止口缉顺直。领面要向前推，以防压领时领面止口起链。见图3.1.7。

（6）缉上盘领口线。卷窝式，把领子的两端圆角和下半段卷向领里一面，使窝势定型，将领的上口缝头向里子转折，形成窝势，距领衬0.8cm缉线。在缉线时要注意两头的里外匀，

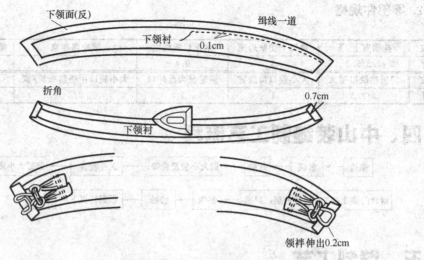

图 3.1.4

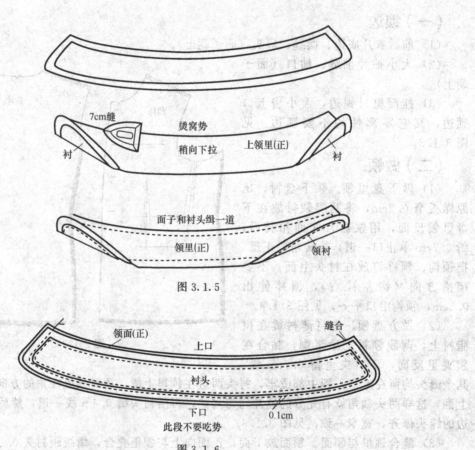

图 3.1.5

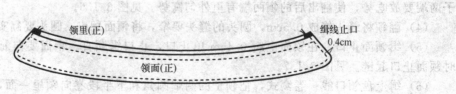

图 3.1.6

图 3.1.7

然后将领头两端剪齐，中间剪一眼刀，并划出领上口粉印，粉印离开领衬净0.3cm，作为里外领缝合时的记号。见图3.1.8。

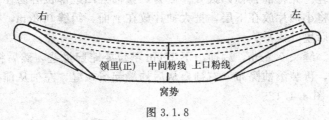

图3.1.8

（7）缝合上下盘领。外领放下层，外领里层向上，下领叠搭合，由里领上口起针，转角处将上领放准，按粉印缉清止口，外领两端归拢，肩及后领部位偏松些。见图3.1.9。

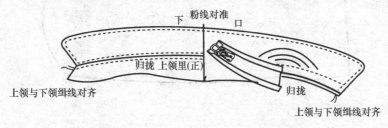

图3.1.9

（8）缝合下领夹里。先将领祥垫头折成三角，折转上口缝头0.3cm，领里盖没缉线，倒回针起缉线，缉时里领夹里要略拉紧，缉线要顺直。将领脚里留0.6cm缝头，并剪好中间和对肩参考眼刀，同时作里领脚面层粉迹记号。见图3.1.10。

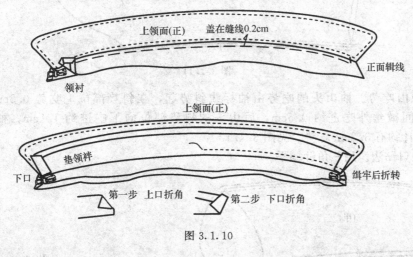

图3.1.10

技法提示

做领子的注意事项如下。
（1）领下盘：要求顺直，两头宽窄一致。
（2）领上盘：领面两角吃势均匀，并有窝势。
（3）外领止口缉线0.4cm，要求顺直，宽窄一致。
（4）缝合上下领，两头无出入，吃势均匀，两边领角对称。
（5）锁边：顺直，不可有弯曲。

第三章　中山装缝制工艺

（三）做袖

（1）缝合前袖缝。先将前偏袖归拔开。因为，偏袖处凹进部位容易使前袖缝吊紧，所以应拔后缉前袖缝。将小袖片放在下层，把大袖片放在上面，缉缝 0.8cm，在袖口粘贴处要料出些，使贴边折转后里外摆平。

（2）缉后袖缝。缝头 0.8cm，后袖山下 10cm 部位要略归拢些，然后将缝头分开。

袖口贴边翻好，再装滚袖窿布，右袖要从后袖缝起缉拉缝，左袖从前袖缝处开始起缉拉缝。见图 3.1.11、图 3.1.12。

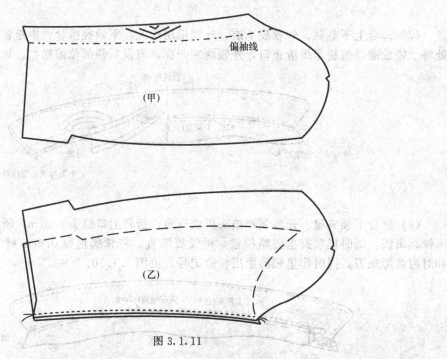

图 3.1.11

（3）袖山吃势。袖山头的吃势由袖标线斜势起，在斜势部位上吃势 0.5cm，下吃势 0.3cm，中间横丝处吃进约 0.5cm，后山头的斜势部位向下吃进约 1.1cm，袖底吃进约 0.8cm，总计约有 3.2cm 吃势。见图 3.1.13。

（4）袖口贴边。用三角针绷平。

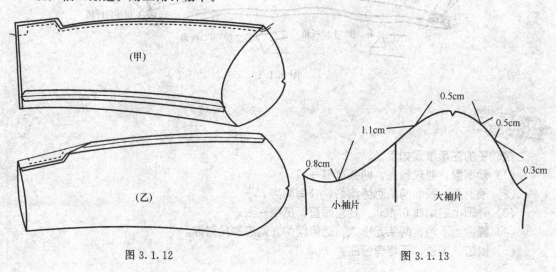

图 3.1.12　　　　　　　　　　图 3.1.13

(5) 质量要求。袖山头吃势均匀圆顺，缉线顺直，袖口绷三角针，平服，正面基本上看不出针花。

习 题

1. 袖山吃势怎样才算符合要求？
2. 缉前后缝有些什么要求？

（四）做大小袋及袋盖

1. 大袋盖操作方法

（1）做大盖，袋盖面放在底层，袋盖夹里正面与袋盖面子正面符合叠，然后从右起缉0.8cm缝头，缝缉到圆角时，里料略为带紧，使之成里外匀。

（2）将缝合好的袋盖缝头修剪成0.3cm，在圆头处缝头略窄，使袋盖翻出，圆头要圆，不能有棱角。

（3）把翻出的袋盖烫平，面料坐出里料0.1cm止口（夹里止口不可外漏）。在袋盖面子上缉0.4cm单止口（做好的袋盖要有窝势），再将袋盖按规格宽度，袋盖上口放出0.5cm缝修齐，并将袋盖与袋布校正。见图3.1.14。

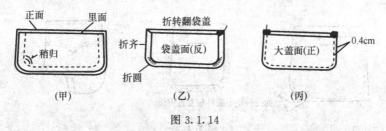

图 3.1.14

2. 小袋盖操作方法

（1）小袋盖操作方法与大袋盖操作方法基本相同。

（2）在左袋盖前端上口离进1cm处剪刀眼，再由1cm处延伸4cm作插笔洞眼刀（眼刀深根据袋盖净宽而定），把面子和里子上口均向里折转、烫平，再在面子上口缉0.4cm止口。见图3.1.15。

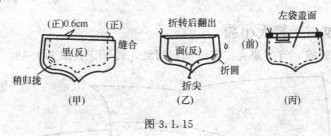

图 3.1.15

3. 做大小袋

（1）做大袋：将锁边的大袋上口折转1.2cm，在装口上缉0.8cm止口，在缉线同时，袋口中间反面放一片钉纽垫布，袋底角贴边缉2.5cm宽，再将角缝分开折转、烫平，用钳子翻出袋角。见图3.1.16。

（2）做小袋：将贴边折光折转后（锁边不要折光），中间反面垫钉纽布一块，缝缉袋的下端沿边进0.3cm，按袋底弧度用稀针码缝一道，将缝线抽拢，成卷形，再将袋盖按袋的长度摆准后折缝头，上袋口要略小于袋盖的两端。如不用线抽拢，可将小袋净样的硬纸片放在小袋反面，边折转、边烫圆顺。见图3.1.17。

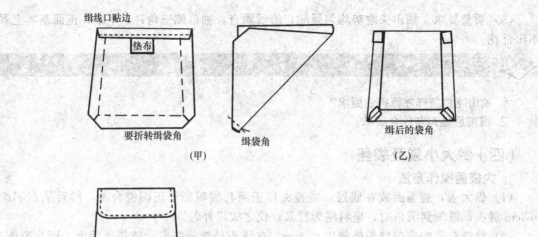

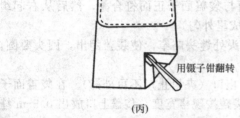

图 3.1.16

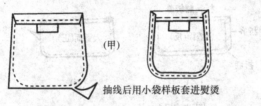 

图 3.1.17

 技法提示

在做兜带缉线时，缉线顺直，圆角圆顺，里外匀均匀，止口宽窄一致，左右袋盖大小一致，小袋圆势对称。

（五）大身收省、装大小袋

(1) 缝胸省和胁省：省尖要尖，省缝倒向摆缝，烫平。见图 3.1.18。

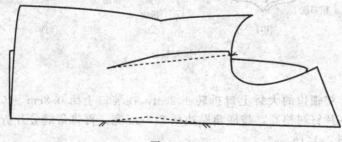

图 3.1.18

(2) 装大袋盖、大袋：袋盖按标记摆准，袋前侧与止口线摆直。缝合时，使袋盖略有吃势，缉 0.3cm 缝头，回针要牢，然后折转缉 0.4cm 止口，注意袋盖里外匀。

根据大袋盖位置，用划粉作好大袋的固定标记，然后进行缝制。缝制时将大袋翻开，从左向右沿前侧折边缉0.8cm,将大袋布的袋口（上层）前后略推向中间,使袋口胖势与衣服片相符,在正面两侧进行倒回针封口。大袋袋口可与袋盖同时装配。见图3.1.19。

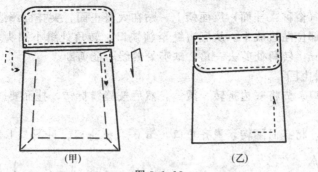

图 3.1.19

（3）装小袋盖、小袋：装小袋盖与装大袋盖要求相同。左袋盖留笔刷。根据小袋盖位置缝制小袋,小袋底缉圆,缉线宽窄与袋盖一致。

大小袋及盖的工艺程序见图3.1.20、图3.1.21。

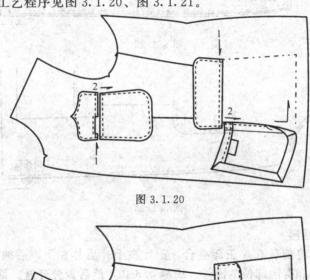

图 3.1.20

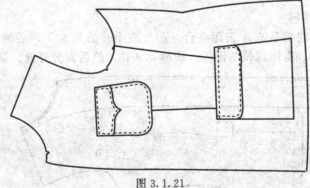

图 3.1.21

技法提示

怎样能做好兜呢？
（1）大小袋盖有窝势,止口缉线顺直,止口不可外露。
（2）小袋袋底圆顺,左右对称。
（3）大袋袋底方正,前丝绺归正。
（4）大小袋盖与大小袋,上下顺直,不可太大或太小。

（六）缝合挂面、缉门里襟止口、合缉肩摆缝

1. 缝合挂面

将左右襟贴边（俗称：挂面）反面朝上，贴在大身正面，夹挂面缉线，底边处贴边的横丝绺稍拉紧，其它部位贴边放平。从底边缝至领缺口，转角处缉小圆头，左右挂面缝好后，将留缝修剪成0.5cm，转角处剪去一角，缺嘴处缝线不能剪断。

2. 烫、翻、缉止口

（1）烫、翻止口。先将底边折转、烫煞，然后按缝线折转，挂面要顺直（右片止口要另从领缺嘴开始折）。

（2）缉单止口，将挂面翻转，烫齐止口，缉0.4cm止口。见图3.1.22、图3.1.23。

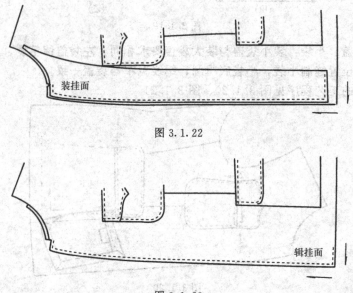

图3.1.22

图3.1.23

3. 合缉肩缝、摆缝

（1）合缉摆缝：将前后衣片正面叠合，前片在上，后片在下，后袖窿上摆缝处应稍归拢，以适应背部活动和臀围部位的圆势，缉缝0.6cm，然后烫分开缝。见图3.1.24。

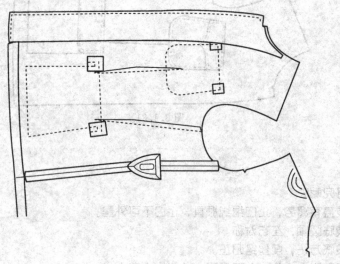

图3.1.24

(2) 合缉肩缝：前片颈侧点向外肩处拔开，后片中段略有吃势；肩缝外端平行，缉缝 0.8cm。见图 3.1.25。

4. 下摆贴边

肩缝分烫后，将下摆底边折转烫平，从右前片下端起，在正面缉线一道或反面绷三角针。见图 3.1.26。

注意下摆底边如果是车缉，袖口贴边也应车缉。下摆贴边与袖口贴边缝制方法相同。

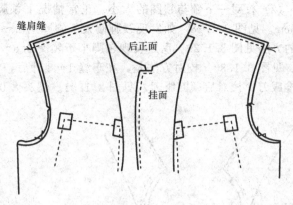

图 3.1.25

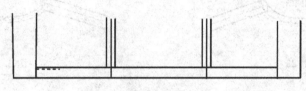

图 3.1.26

技法提示

在制作门围襟的挂面时，为什么在底边以上处不能太松？
(1) 挂面平服顺直，不能起吊，既不能过紧，又不能太松。
(2) 门襟和里襟缉止口宽窄一致，缉线顺直。
(3) 缝合肩缝，里后肩略有吃势。缝合摆缝，在上摆处也需有吃势。
(4) 摆底边如是车缉一定要顺直，宽窄一致；如绷三角针，针脚绷线不能过紧，正面不能有针花。

（七）装领

装领应注意的问题及方法如下。

(1) 装领前，将前后领圈正面对合，缺嘴对准后，如眼刀偏离背中线，应检查两端的肩缝缝头是否有宽有窄，以免把领子装歪斜。见图 2.1.27。

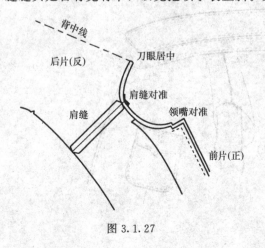

图 3.1.27

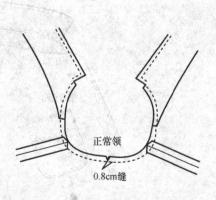

图 3.1.28

(2) 校对一下领与领圈的大小。正常情况下领脚应大于领圈 0.5cm 左右，领圈缝头为 0.8cm。见图 3.1.28。如发现领脚偏大于领圈约 2～3cm，可以在装领时将领圈缝头相应扩大的方法见图 3.1.29。反之发现领脚小于领圈 0.5～1cm，可在装领时将领圈缝头相应地缩小。见图 3.1.30。校对方法是，在车缝 1～3 针后，将右领圈稍为带紧，同时将领脚里居中对准眼刀，校对后领圈眼刀。见图 3.1.31。领头大 0.3cm 为正常。

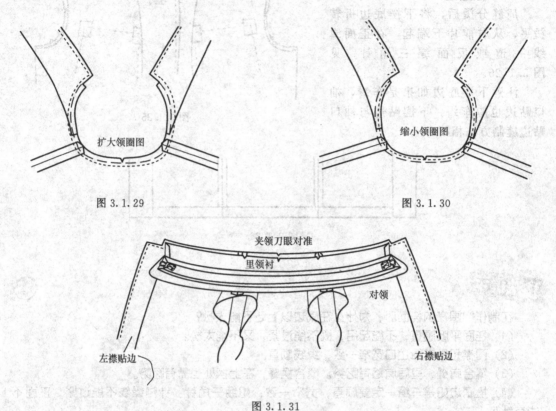

图 3.1.29　　　　　　　　　　图 3.1.30

图 3.1.31

(3) 缝合领夹里与领圈。领里正面与衣片反面叠合，领脚缝头 0.7cm，领圈 0.8cm。对准左右肩参考眼刀及后领眼刀，并夹进吊带，然后反转闷缉 0.15cm 止口。起针与止针时，领脚里缉线均要伸出，降低缺嘴 0.1cm，以防毛出。前后领圈斜线不能过于拉还。在缉闷线时，要注意三点粉迹标记对准三处眼刀。领脚里不可缉牢。见图 3.1.32。

图 3.1.32

技法提示

装领的注意事项。
(1) 装领左右对称，不可歪斜，缉线整齐，不可毛出。
(2) 左右领圈大小一致，圆顺，吊带居中，领圈周围平服。
(3) 领钩、领袢与领嘴高低一致。
(4) 里外领前端长短一致。
(5) 吊袢带横直均可。见图3.1.33。

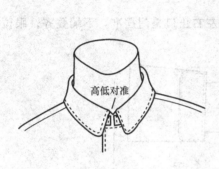

图 3.1.33

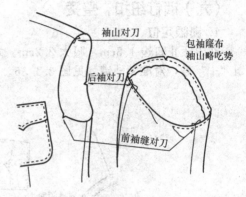

图 3.1.34

（八）装袖

缝合袖子的方法如下。

(1) 缝合袖子时，将衣片翻向反面，袖子夹在中间，由右袖窿凹势处开始缉缝，缝制后袖窿时，先观察一下袖子前后的位置，以中指对准肩缝位置，随着肩缝斜度将袖子拎起（摆缝垂直）捏齐偏袖线，若偏袖线盖住大袋口的1/2，证明袖子前后是正确的。一般误差不超过0.5cm，保持两袖前后一致，然后缝制左袖，方法是由后袖缝开始，三只标记与右袖窿位置相同。见图3.1.34。

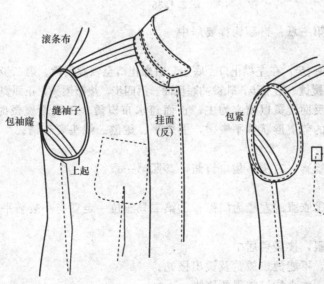

图 3.1.35

(2)包袖窿。将滚条布沿边折光，包紧，盖住第一道装袖子缉线。见图3.1.35。

> **技法提示**
>
> 装袖子的质量要求和应该注意的问题如下。
> (1)左右袖子前后一致。
> (2)袖子前后圆顺，袖窿在袖山处不可弯曲。
> (3)包袖窿要求包紧，不可有链形。
> (4)装袖时，袖窿不可拉还和皱拢。

（九）锁钉纽扣，整烫

1. 锁眼定位

纽眼距止口边1.5cm，眼大2.2cm。划纽位时应将左右止口叠门摆准，下端叠齐，眼位划"＋"号，对准领缺嘴。见图3.1.36。

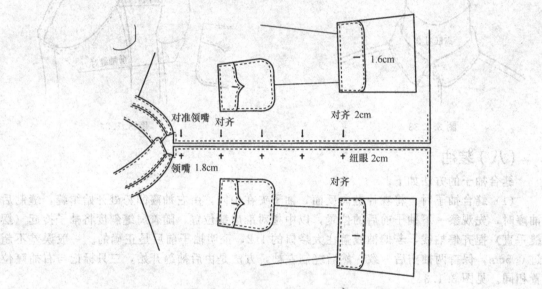

图3.1.36

锁眼方法可参照第一章；钉领钩袢要居中。

2. 熨烫

(1)熨烫步骤：第一步，在左襟止口、底边、右襟止口至领圈熨烫。第二步，在摆缝、肩缝、大小袋、胸、腋省反面熨烫。第三步，轧烫袖窿反面。第四步，垫布馒头，正面熨烫大小袋。

(2)熨烫方法：反面熨烫以喷水为主，正面盖水布熨烫。正反面熨烫时，应注意上下、左右，按部位所需要的势道形状放平熨烫，要烫平、烫煞。线头要理清。

3. 钉纽

袖口装饰纽不需绕脚；右襟、袋口钉纽，参照第一章。

4. 质量要求

(1)锁眼定位：①衣服的左襟为门襟；②第二只纽位一定要与小袋盖平齐；③最下一只纽位与大袋盖平齐。

(2)大小袋盖锁眼，按袋盖居中。

(3)整烫要烫平，不能烫焦烫黄及烫出极光。

(4)钉扣：里襟、大小袋钉扣需要绕脚。

习 题

1. 锁纽眼应注意什么？
2. 整烫时应注意什么？

第二节 呢料中山装缝制工艺

一、外形概述与外形图

翻领，小圆角，四贴袋，门襟开眼五只，止口缉明线，袖口钉装饰纽各三粒。见图3.2.1。

二、成品参考规格

衣长	68	69.5	71	72.5	74	75.5	77
胸围	101	104	107	110	113	116	119
肩宽	43	44	44.5	45.5	46.5	47.5	48.5
领大	39	40	40	41	42	43	44
袖长	57	58	59	60	61	62	63
袖口	14.5	15	15.5	16	16.5	17	17.5

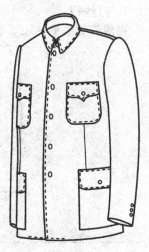

图 3.2.1

三、呢中山装工艺程序

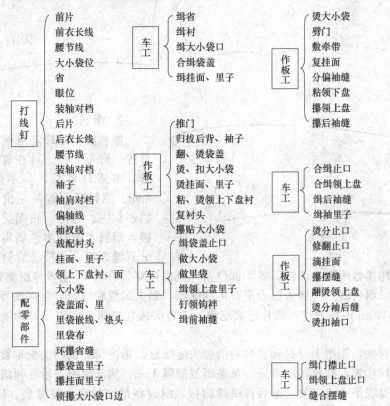

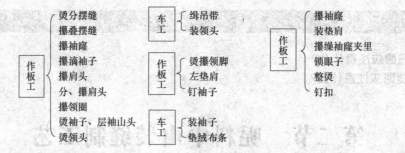

（一）打线钉、缉省、烫衬、推门、归拔后背、复衬

1. 打线钉

打线钉方法见图 3.2.2～图 3.2.5。

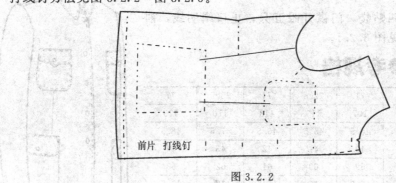

前片 打线钉

图 3.2.2

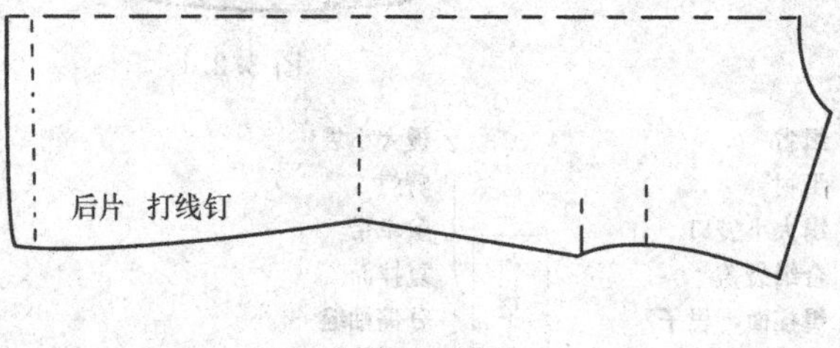

后片 打线钉

图 3.2.3

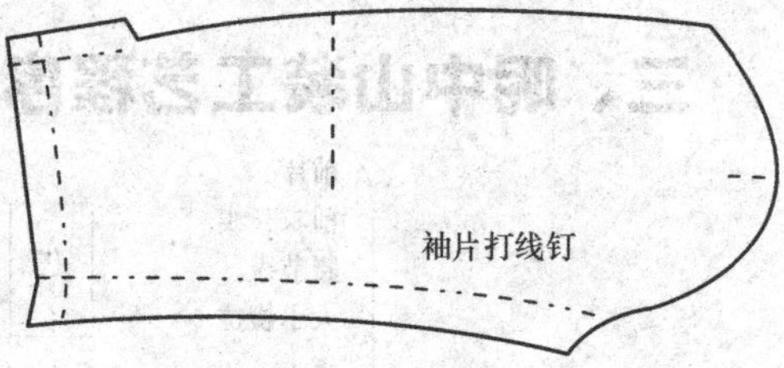

袖片打线钉

图 3.2.4

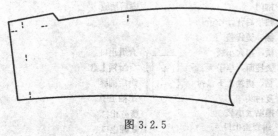

图 3.2.5

2. 缉省

原料厚，经纬丝绺不易毛出的麦尔登呢、海军呢类，可在省中缝粉线处剪开，不需环省缝，但不可剪到头，留3cm。原料薄而容易毛出的华达呢、哔叽斜纹呢、毛涤、花呢类不宜剪开省中缝，缉胸省缝需本色斜料垫缉，喷水烫分开缝即可。如精纺原料在胁省中缝按粉线剪开，用攥纱线两边环针，省尖部位密环（以防穿后毛出），或者与缉胸省的方法相同。

（1）攥，缉省缝：把胸省叠合平齐用线攥牢，划尖缉缝粉线，省缝两头要缉尖，缉顺。

在腋下10cm内攥腋省，前片略放吃势，下省尖按袋口缉下，以线钉为准；胸省尖以省尖线钉为准。

（2）做衬头：先把大身衬和挺胸衬的省头缝缉好，再把缉好的衬头胸部烫圆顺，把胸部衬依准大身衬位置，按肩斜度缉线，每条缉线间隔1cm。胸部衬缉好后，再缉下脚盖布，下脚盖布每条横线条缉成三角，最后再缉帮胸衬，缉时将帮胸衬略为拉紧些，以免胸部扩散。

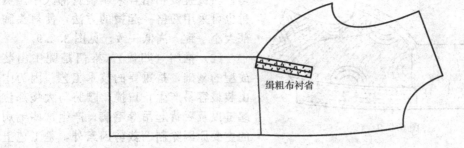

图 3.2.6

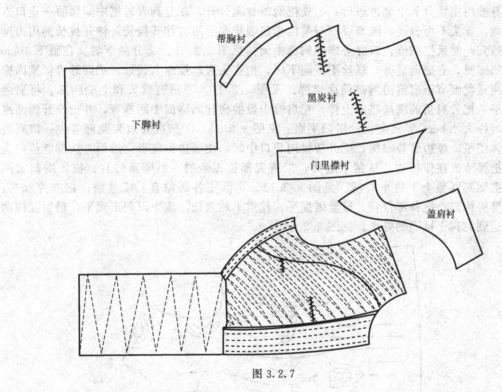

图 3.2.7

注意两格对称。见图 3.2.6、图 3.2.7。

大身缉衬以斜缉为好。因为斜衬容易归拔，可以任意伸长或缩短，加上四周横直丝绺的固定，能使衬头更加圆挺。见图 3.2.8。

3. 烫衬、推门

（1）烫衬。呢中山装的外形挺括，美观，它的内在结构衬头起着衬托、支架的重要作用。

衬头经过密度斜缉，又经适当高温烫斗用力磨烫，使合叠的衬布贴合平整，加强了胸部的弹性，是胸部饱满的定型基础。

中山装的衬头胸部胖势不宜太集中，太集中胸部容易起空瘪落，胖势应匀散自然。衬布的烫法以横磨烫

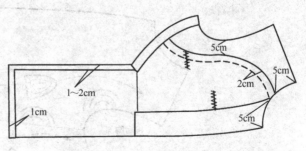

图 3.2.8

说明：1. 缉黑炭衬，可以斜缉线相隔距离 1cm。

2. 下脚盖布衬斜缉角相隔距离 3cm，具体见完整图。

3. 如果黑炭衬不到底可以用粗布衬门里襟 5cm 宽。

匀，斜烫直烫相结合来调整胸部大小。烫衬也可采用两格一起烫的方法，使衬头胸部大小一致，高低一致。见图3.2.9。

（2）推门（归拔）。推门是呢中山装成型的基础，是重要的技术工艺。因为中山装最容易产生止口搅，腰胁与大袋部位起链以及后背起吊等毛病，产生这些毛病的主要原因除制图裁剪因素外，是工艺上推门的技术问题。

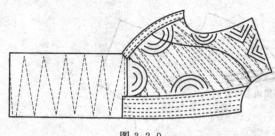

图3.2.9

前身推门主要分五个部位进行：①先把两条省缝分开，在分胸省时把中间腰胁向止口方向推弹烫，省尖不可分还，腰节以下与前门襟口顺势向下用力伸开拔长，伸开拔长的用力度要轻重适宜，然后把胸部止口胖势推向胸部中间。见图3.2.10。②分腋下省。在腋下10cm省缝要归缩烫，省缝向前弯，横丝不可向下倾，把省尖直丝推向大袋处，把摆缝直丝推向臀部处，胸直丝腰节至肩缝向胸部前面推弹。见图3.2.11。③归烫肩头和上端胸部。将肩缝靠身摆平，把外肩角的横丝略向上拎，把肩缝中段的横丝向胸部中间推弯，并把横开领圈推向外肩（抹大0.6cm），还应把丝缕归平服。见图3.2.12。④归烫底边和胸部省尖。将底边靠向身体摆平，底边胖势归拢，把胖势推向袋口中间，使底边呈窝形。然后将胸部胖势向上折起，把腰节放在作板边，从腰节起烫，把省尖部位多余的、不顺直的直、横丝缕归烫顺直，并把胸部胖势上下烫平烫活。见图3.2.13。⑤调整各部位直、横丝缕。把衣片放平，将胸部胖势拎起，把各部位直、横丝缕摆平，丝缕不顺直处，应予以归正烫平，最后复核两格是否达到对称于推门的要求。见图3.2.14。

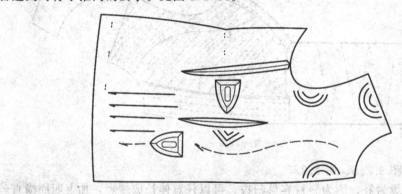

图3.2.10

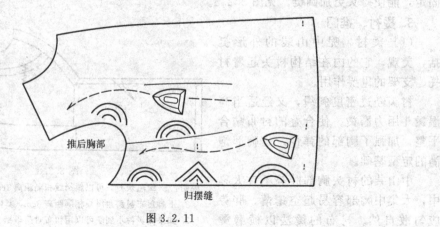

图3.2.11

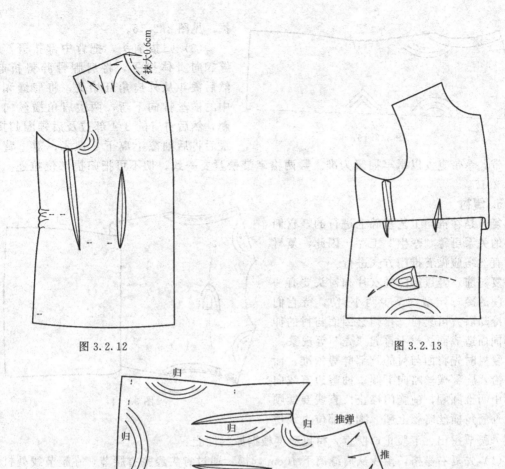

图 3.2.12　　　　　　　　　　　图 3.2.13

图 3.2.14

4. 归拔后背

首先要了解人的背部体形。人体两肩是倾斜的，背部上端两边有明显的肩胛骨隆起，背中侧成凹形，虽然制图造型上有肩缝斜度，但还达不到体形的要求，尤其是中山装，后背没有背缝，平面衣片只有通过归、推、拔工艺来满足体形要求。

归、推、拔方法分以下步骤进行。

(1) 后背摆缝靠向身体，肩头朝右方摆平，衣片用水喷湿，烫斗从肩胛骨部位开始烫，把肩胛骨部位推胖，左手把腰节拉出，上摆作长距离归拢，腰节略为伸开，臀部略归，上背部袖窿对准肩胛骨部位的外端袖窿要归足，使后背方登，戤势优美，肩缝下3～4cm部位不宜归拢。见图 3.2.15。

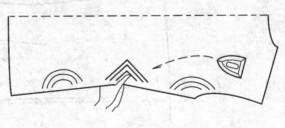

图 3.2.15

(2) 衣片调头，背缝靠向身体，将背部中线上归拢，同时把肩胛骨部位推胖，再把腰节以下向底边方向伸开，不使背中线起吊。由于两格叠合，因此衣片翻过来后要用同样方法归

图 3.2.16

拢。见图 3.2.16。

（3）归拔肩头，把背中部推开，肩缝靠向身体摆平，将肩胛骨胖势折起，然后烫斗从外肩角开始烫，将肩缝和背中的横丝推向下弯，两边肩角横丝向上翘，然后将肩的 3/4 部位及后领圈归拢，最后将后袖窿上离下 3 厘米，敷上背袖窿牵带，牵带宽度以缉牢袖窿为准。敷两格牵带松紧要一致，切不可把归拢部位拉还。见图 3.2.17。

5. 复衬

复衬是在推门工艺基础上进行的，它们之间的关系可称"孪生"工序，因此，复衬在横直丝绺应循着推门方式进行。

复衬前，经过推门的衣片和衬头要有一定时间的冷却定型（至少两小时），待它们完全冷却后方可复衬，否则会因面与衬的伸缩不同而造成面、衬不符起"壳"等现象。

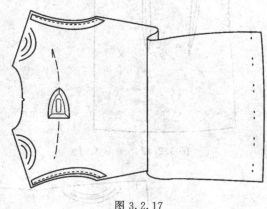

图 3.2.17

复衬时先将面与衬的胸部胖势依准，面衬匀恰，胸部横丝略向下倾，袖窿边直线向胸部中间推圆顺，前胸门襟止口直线要摆顺直，外肩角横丝略朝上翘。胸胁部位直线捋圆顺。腰节捋出、下段止口摆直，捋挺程度根据原料性能。

（1）先复右襟格，攥线从肩缝离下 10cm 起攥，通过省尖经胸省腰节，在腰节线处打倒回针，在腰节以下把胸省推挺，经袋口至底边上 3cm 处止，攥好后把反面省缝扎牢，扎线放松。

（2）攥后胸部。这段胸部直线要向胸部中间推胖，从腰节起攥线，经袖窿边缘至肩缝下 10cm 处止；也可由肩缝向下攥针。两种方法都可用。但复②时，门襟③胸位必须要填高摆平。

（3）攥止口，从肩缝下 10cm 处攥起，经领圈里圈至止口离进 4cm 到底边上 3cm 与袋口平齐止。攥止口线要顺直，攥线松紧应适宜，在攥③时，②的胸位必须填高摆平。攥好后检查一下横直丝绺是否顺直，然后把两格衬头合拢剪齐，再按同样方法复左襟格。见图 3.2.18。

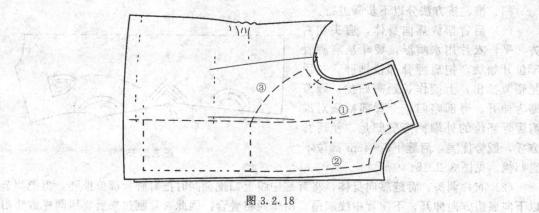

图 3.2.18

> **技法提示**
>
> 归拔呢中山装前后衣片要求注意以下几点：
> (1) 线钉位置准确，上下层不能有偏差。
> (2) 缉省一定要顺直，腰节处要略多缉，成橄榄形。
> (3) 烫衬基点要略大一些，烫圆烫散，定型后两格相同。
> (4) 大身面料推门（归拔）位置准确，门襟丝绺归直，前胸烫圆烫散横直丝绺归正。
> (5) 将后背肩胛骨处烫出胖势，后袖隆处一定要归足，腰节处略拔。里肩多归，外肩少归，肩缝略有翘势或者平肩，不可向下低落。
> (6) 复衬时衬或面至少要冷却两小时以上再复衬。复衬应注意丝绺归正，面、衬匀恰，松紧完全一致，不可扳紧或太松。

（二）做垫肩、袋盖，做装大小袋

1. 做垫肩（袢丁）

垫肩是衬托上衣两肩的主要附件，它能修饰肩部的缺陷，如塌肩、高代肩，垫肩的厚薄可使其达到平衡。

（1）裁垫肩布：沿口长23cm，高度14cm，沿口要取斜丝，前后两边取直横丝（两端剪小方角），中间剪弯1cm。

（2）铺棉花：沿口厚度为3cm（攥实1cm），翘肩头例外，铺匀成山坡形状，铺匀后要在台板上烫实。

（3）攥法：用攥纱从中间横攥呈人字形，攥时须将棉花用手捏牢，不能移动，要攥出里外匀窝势，攥好后将垫肩烫成"弓"形。见图3.2.19。

2. 做大、小袋盖

（1）剪袋盖，袋盖夹里按袋口大小剪准，留0.5cm缝头，袋盖面子适当放大。然后面、里正面合叠，袋盖面两圆角处略有吃势，袋盖沿边中间略放胖些，攥线定牢，见图3.2.20。

（2）攥好大小袋盖后将吃势烫平，里朝上合缉缝头大0.5cm，缉好后再把圆角处缝头略修小些，修圆顺后翻出，止口坐进0.1cm，不使里子外露，

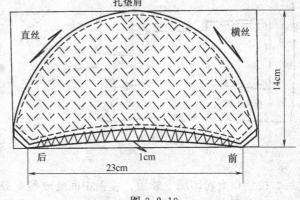

图3.2.19

小袋盖尖角缝头折转用线攥牢，翻出后使之顺尖形，最后把袋盖的宽度划好，左襟格小盖前端离进1cm，做4cm大钢笔洞一只，面与里剪一刀眼，把面与里子扣进，将里子缲光，扣里子时多扣进些，以免笔洞里子外露。见图3.2.21。

3. 做大、小袋

中山装大小袋两边对称，是外形对比的主要部位，如袋位置的高低、袋的长短与进出、小袋的圆头与斜势、袋盖与袋口的大小与顺直、缉止口的宽窄等稍有不妥，即容易看出毛病。

（1）将大小袋按要求劈准，为了增强牢度，对于精纺毛料，大袋三边要用本色线锁边，袋口滚边扣转，反面中间垫本色垫纽布一块，以加强钉纽牢度，同时把袋口一边缝缉好，大袋下角缉缝0.5cm斜角辑好，并将小袋底边宽线0.4cm手缝一周，待抽曲线。见图3.2.22。

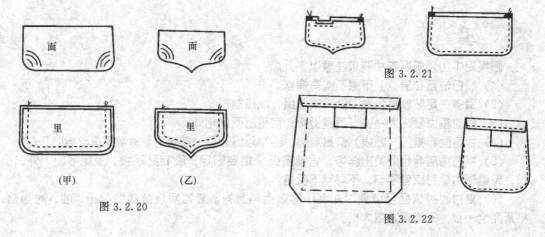

图 3.2.20

图 3.2.21

图 3.2.22

(2) 扣烫大小袋。把缉好的大袋下角分缝烫开,然后按照袋盖大,将袋边扣转,盖水布烫平反面。小袋底缝线抽圆顺,插进小袋样板,袋口按小袋盖,大扣转有条格的条格要对齐,反面喷水烫平。

(3) 攥大小袋。攥袋前必须校对前片两格的袋位线钉,两格的高低进出是否对称。因为经过推门、复衬后,衣片有了变化,所以,攥袋前必须重新核对,如有差异要重新把袋口粉印对称划正。

攥小袋:小袋在胸部胖势部位,因此要把小袋放在布馒头上攥,使小袋有相应的胖势,攥线要攥袋边缘,攥牢衬头,以免合缉时袋位移动(小袋止口缉0.4cm)。

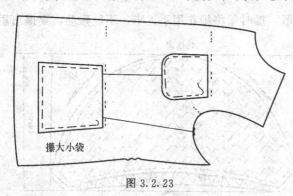

图 3.2.23

攥大袋:先在反面袋口位置攥上垫衬,再在正面攥大袋,前袋边攥好后,在反面袋边将垫衬攥牢,然后将袋底和后袋边攥牢。由于衣片经过缉省和推门,大袋位臀部有了胖势,因此攥大袋同样要放在布馒头上垫攥,同时采用半只袋口一攥,使袋口适应胖势。见图3.2.23。

4. 装大、小袋

(1) 缉大袋:先封左边袋口再按袋边沿贴边兜缉一周,缉线要顺直,缉好后再封右边袋口,注意袋口不能移动。然后,按袋口大粉印缉上袋盖,袋盖中间要放些吃势,使袋盖呈胖形,将缉好后的袋盖缝头修小,以免袋盖毛丝外露。袋盖正面缉明止口0.4cm,两头缉倒回针,把线头引向反面打牢结头。

(2) 缉小袋:缉小袋时,两圆头要缉圆顺,为了避免移动,缉时可用纸板压牢面子;袋口封来回针,保持袋口牢度,小袋盖按照粉印线缉,袋盖中段略放些吃势,以适合胸部胖势,缉好后将缝修小,以免袋盖毛丝外露,同时封好钢笔洞,袋盖正面缉明止口0.4cm,两头缉

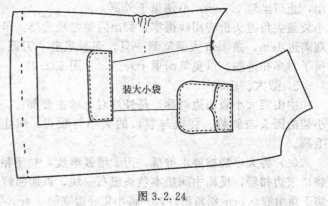

图 3.2.24

倒回针把线头引到反面打牢结头。见图 3.2.24。

> **技法提示**
>
> 装大小袋要注意事项：
> （1）垫肩沿口中间厚，两边薄，棉花铺匀，熨烫攥针后要有弓形窝势。
> （2）袋盖两角有窝势，止口不能外露，两格对称。
> （3）袋盖止口和袋止口缉线宽窄一致。
> （4）大、小袋盖与大、小袋完全符合，两边对称。
> （5）正面无线头。

（三）做里袋

先将里子与挂面复合在大身上，划好胸省、胁下省和装耳朵片位置的粉印，里袋高按胸围线居中，上下分割定位，里子按装耳朵片位剪开，挂面与耳朵片对档，然后左襟格上段里子按大身劈门大小修整。缉里子时，先把耳朵片上下块里子缉上，省缝缉好，烫平里子，再把里子与挂面攥上，合缉挂面。从里袋位置起至大袋位，这段里子放吃势1cm，以防挂面里口紧。把挂面里子烫平后，划上里袋粉印，进出位置离开耳朵片拼缝1cm，袋口大14cm，反面粘上袋口牵带，以增强里袋牢度（里袋嵌线可上浆糊，也可烫上黏合衬）。

里袋式样有一字嵌、滚嵌、细密嵌三种，中山装里袋一般做滚嵌，滚嵌的宽度为0.4cm，来回两条线要缉直，否则会产生滚条弯曲，两角缉三角形，缉好后将中间剪开，两头剪到头，不可剪断缉线，然后把滚条布折转，两条袋角滚条要折齐，滚条缉线要密实，上下滚条宽对称，封口来回封四道，同时袋口中间放上钉纽带，左边袋上口钉上商标，（注意缉挂面时下底边不能缉到底，要留出2cm，待翻底边时用）。见图 3.2.25、图 3.2.26。

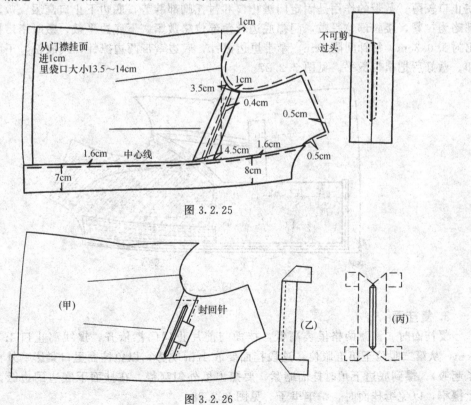

图 3.2.25

图 3.2.26

开袋口时不要开过头，以免剪断线头三角处毛出。见图 3.2.25。

先将下滚条、两角按缉线斜势烫平，向里复进，捻紧，然后缉漏落针加袋布。上滚条与下滚条相同。见图 3.2.26。

> **技法提示**
>
> 做里袋袋口的注意事项：
> （1）配夹里既要平服，又要有层势，使夹里不会有牵吊。
> （2）耳朵片高低位置准确，不能太高或太低。
> （3）里袋滚条每根宽 0.4cm，宽窄一致，两角一定要有三角尖，封口打回针。
> （4）袋口中间装小袢或装三角袢。

（四）修剪门里襟、敷牵带、复挂面

把做好的大小袋拆清攥线，放在布馒头上烫圆顺，然后把胸部门里襟止口胖势推进烫平，胸部烫圆顺，中腰胁势拉出归烫顺直，把摆缝胖势推向臀部，顺便把腋下省缝烫平，底边归平，然后修剪门里襟。

1. 修剪门里襟

前片两格复合，核对大小袋是否准确，如果不正必须纠正，然后再修剪门里襟，修剪衬止口缝头为 0.9cm，衬头要修剪顺直，缺嘴刀眼，左襟格缺嘴大 1.8cm，右襟格 3cm，底边按线钉上 0.1cm 处修齐，右襟格底边止口下角剪掉 0.2cm，以免右襟底边下角外走路，最后把胸部衬再修剪成阶梯形，减薄止口厚度。

2. 敷牵带

把白布牵带缩水，将牵带烫平再抽去直丝缩 0.3cm。抽丝的作用是使止口缝缉顺直，并使止口较薄。敷带的作用是固定门襟止口和衬托胸部胖势，底边下止口窝服。敷牵带时在胸部略为拉紧，腰腹部位平敷，门襟底边转角部位略敷紧，下底边平敷，敷时牵带按抽丝边偏出衬头 0.3cm，每针间隔 2cm，牵带里边撩针，底边牵带两边撩针，线放松，正面不可露针印，敷好后把牵带烫平。见图 3.2.27。

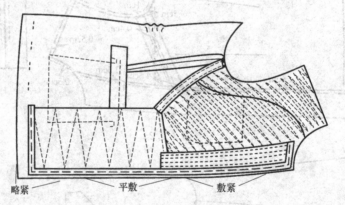

图 3.2.27

3. 复挂面

复挂面时，注意两格里袋高低，挂面与前片止口门襟依齐，攥线离止口 1.5cm，针距 3cm，从第二眼位至第五眼位，这段挂面要放 1cm 吃势，以免挂面里口紧影响外止口还（面子起皱），攥到底边下角时挂面略紧，要攥出里外匀窝势，在挂面下底边的边缘，里子要翻上攥牢，以免缉挂面时，缉牢里子。见图 3.2.28。

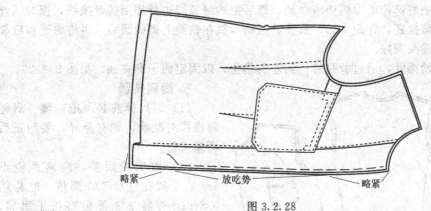

略紧　　　放吃势　　　略紧

图 3.2.28

技法提示

复挂面应该注意事项：

（1）在修剪门里襟之前，需要再次归烫一下。前片两格要复合，将门里襟修剪顺直；离面子 0.9cm 的大身衬头处，沿止口修剪顺直（包括缺嘴），逐层修剪成阶梯形，底边按贴边偏上 0.1cm。

（2）敷牵带重点是牵带松紧要掌握好，如前胸部位略紧，腰节部位平敷，门里襟前底边角略紧。

（3）复挂面。门里襟上下角处略紧，形成窝势，中间放有吃势。

（五）翻缉止口、攥挂面

（1）按照牵带抽丝边缘合缉顺直，从缺嘴缉到底边挂面止。缉好后把攥纱抽掉，吃势烫平，将止口修剪成"梯"形，使止口薄匀，挂面留缝 0.6cm，前身止口留缝 0.3cm。领缺嘴剪刀眼，不可剪断缉线，容易毛出的原料缺嘴上可放些浆糊，以防毛出，然后止口离进缉线 0.1cm 扣转，翻出密针攥好的止口，攥时坐缝 0.1cm，止口要攥顺直，再把 0.4cm 止口缉好，抽掉攥线把止口烫煞，烫时胸部要放在布馒头上，不要把胸部边止口烫还（注意烫时止口要摆顺直）。

（2）将挂面里口在眼子档部位略放吃势攥好，下角止口要攥有窝势，再攥挂面。把里子翻转沿挂面缝与衬头攥牢，针距 3cm，正面不可攥串，并把袋布与衬头攥牢，然后把缝摆平。将摆缝里子与面料剪齐，底边按面料线钉放长 1cm 剪准，袖窿部位放 0.8cm 剪齐。

（六）缉摆缝、肩头缝

1. 缉摆缝

（1）先将前后衣片摆缝攥上，里子划腰节对档，攥后背时，两边摆缝、后袖窿翘高处高低要一致，以免后背单边或高或低。攥摆缝的松紧度，按推门与归拔与后背一致，不可把归拢部位拔开，或把拔开部位归拢，否则后背会产生单边下沉。里子吃势与面子相同。

（2）分烫摆缝。摆缝分烫时把前摆放平，后背按归拔的方法摆平，烫时上摆归缩烫，中腰拔开烫，臀部归拢烫，分烫后把里子坐进 0.3cm 朝前摆扣转，底边扣转，再把摆缝里子放松依准，上离袖窿 10cm，下离底边 10cm 摆缝划上对档粉印，然后先缉后背缝里子，再缉底边里子，里子要对准摆缝和底边攥牢，攥线要放松，正面不可起针印，攥好后翻到正面，底边里子坐势 1cm 左右烫平服。

再把背中缝里子放松 0.5cm 吃势，摆平攥好，腰节靠在作板边上，将上部面料捋挺，袖窿圆弧攥牢，在垫肩部位留出攥垫肩余地，最后把袖窿弧线边丝用倒钩针攥线，攥时斜丝部位攥紧，以防袖窿拉还，针距1cm，攥圆后把袖窿放在铁凳上熨烫圆顺，再将肩缝和后领圈里子多放出一个缝头剪好。

在前胸右袋开始攥针，通过背高处，到左胸袋止，以固定面子和夹面。见图3.2.29。

2. 缉肩头缝

（1）缉肩缝前必须把袖窿、肩缝两格校对准确，如有差异，要纠正后再攥肩缝。

（2）攥肩缝层势，应离颈侧点1cm，平放在里肩1/3部位，吃势约0.8cm，外肩2/3部位略松于里肩，然后将吃势烫平。缉肩缝时前片在上，后片在下，以防吃势移动。肩缝

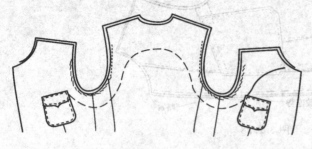

图3.2.29

虽短但必须缉顺直、准确，缉好后将攥线拆清，再分肩缝，把肩缝反面放在铁凳上，两格肩缝必须从领圈起烫至外肩，边分边归缩以防肩缝分还，同时把横开领抹大0.6cm，外肩角要朝前方向弯，以免外肩缝朝后弯。见图3.2.30。

（3）攥面子肩缝：将肩缝正面放在铁凳上摆平服，从领圈起攥，攥时横开领抹大0.6cm，前肩领圈边缘横丝绺捋出0.2cm，肩缝面子攥线顺直，然后肩缝反面沿缉线边缘攥牢衬头，针距1cm，攥线略松，以防正面起针印。见图3.2.31。

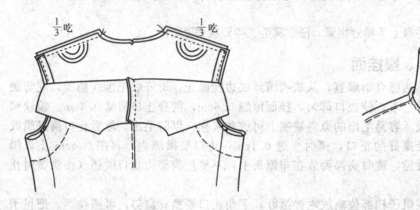

图3.2.30

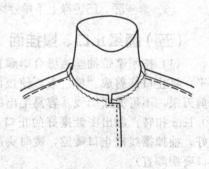

图3.2.31

（4）攥肩里、攥领圈：先把肩里在领圈部位攥牢4cm，再把领圈面子0.6cm缝与衬头里子一起攥牢，肩缝下3cm处的横直丝绺要捋挺攥，以防领头装好后产生面料宽松现象，同时把肩缝下的袖窿捋挺攥平服，使肩缝两头呈翘形。

技法提示

缉缝的要求如下。

（1）缉摆缝：要注意后上摆吃势，上摆吃势起戤势作用；腰节拨开，起腰吸作用。

（2）缉肩缝：肩缝虽然短，但要求很高。缉不好会产生很多毛病，如前肩链形，领圈不平，后领圈扳紧等。因此应严格按后肩吃势要求，减少由肩缝质量不好而产生的毛病。

（3）攥领圈重点要防止领圈还，但领圈又不能攥得太紧，一定要做到前肩领圈边缘横丝绺推出0.2cm。

(七)做领、装领

(1) 做领上盘（即外领）：先将剪准确的领衬与领里粘上，粘时后领里要放些吃势，两领角里子要捋挺，使领角有窝势，不起翘。见图3.2.32。

(2) 缉上盘：先在领衬沿边缉0.15cm止口明线，然后连接缉三角或缉回字形，按领衬窝势匀缉，再把里子上口留缝1.3cm，下口留缝0.9cm剪准。见图3.2.33。

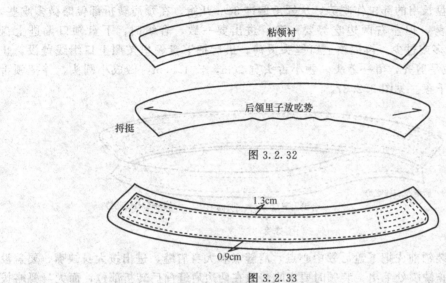

图3.2.32

图3.2.33

(3) 攥复领面吃势：先把领面背中与领中花条纹对准，前角两边花条纹对称依齐，开始复攥，两边圆角放吃势0.3cm左右，但实际也要根据原料厚薄性能来掌握，后领平形无吃势，肩缝部位略微松些，攥好后将吃势烫平，缝缉时按衬头离开0.1cm缉线，两边圆角按衬头缉圆顺，缉好后把缝头修剪圆顺，翻出烫平服，止口缉明线0.4cm，再把领面的里外匀窝势合扣扣转攥好。见图3.2.34。

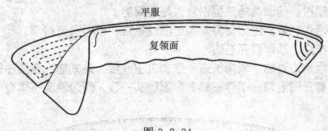

图3.2.34

(4) 做领下盘（即里领）：先把剪准确的衬头钉上领钩、袢，进出以领口并齐为准。与布中山装做下盘相同。见图3.2.35。

(5) 粘领下盘：先把下盘衬头粘在面料上，为了两边领角薄匀，领角衬可修掉些，面料领角面也同时修掉些，再将四边留0.6cm缝头并剪齐，然后将四边缝头扣转，再把四周缉0.4cm止口明线。见图3.2.36。

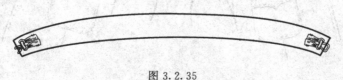

图3.2.35

图 3.2.36

(6) 合上下盘领:领的上盘与下盘是里圈与外圈的关系,所以在剪领衬时上盘长于下盘,缝合时把上盘长出的部位作吃势,从领角偏进 3cm 开始,在颈肩转折部位略微多吃些,后横领不可放吃势,但左右两边吃势要一致,进出要一致,合缉时,下盘领口偏进上盘 0.15cm,不可过多或过少。再把领上口缝头烫薄,最后把下盘领里按照上口缉线盖没,止口缉 0.15cm,烫平剪齐,留一缝头。领小舌头宽 2cm,长 1.5cm,做成小圆头,并把领舌头一起缉在右领下盘。见图 3.2.37。

肩缝左右放吃势　　合缉上下盘　对齐三只眼刀　　肩缝左右放吃势

图 3.2.37

(7) 装领:装领前先把下盘后领中心点、肩缝点和大身肩缝,进出按大身缺嘴,要盖没缺嘴 0.1cm,防止缺嘴处毛出。装领时要求吃势放在两边肩缝前后转折部位,而大身要略拔开,后领平装不宜放吃势,领圈要装圆顺,两边吃势要对称,进出要一致,以防领头歪斜,领脚缉 0.1cm 明止口,两头缉来回针,以增强牢度。见图 3.2.38。

> **技法提示**
>
> 装好呢中山装领注意事项如下。
> (1) 黏合上盘领衬,前领两角夹里带紧,略有窝势。
> (2) 领面两角略有吃势,止口里外匀,止口缉顺直,不可有宽有窄。
> (3) 领钩装在左边,领袢钉在右边。
> (4) 上下盘合缉两边对称、领角长短一致、进出一致,外领翻后要盖住领脚。
> (5) 装领要对准三只眼刀,不可歪斜,领圈缝头一致,两边缺嘴不可有毛出。

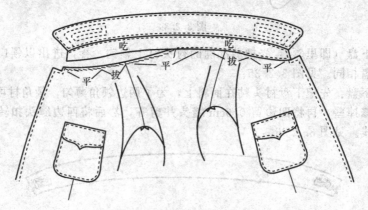

图 3.2.38

（八）做袖

（1）先把大袖片偏袖袖肘处拔开，上段10cm部位略归拢，袖口部位略拔开，归拔部位从偏袖缝折转摆平为准。为了袖肘合体，可将袖肘的胖势拉弯，逐渐推归至偏袖线，然后把小袖片同样在袖肘部位烫平，在缝缉前袖缝时注意不可把拔开的偏袖位吃拢，或把上段10cm部位伸开。见图3.2.39。

前袖缝喷水烫分开缝，应按小袖片弯势摊平，在偏袖和小袖片处烫平烫煞。见图3.2.40。

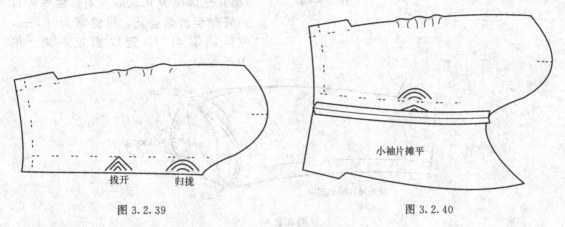

图3.2.39　　　　　　　　　　图3.2.40

（2）敷袖口衬：前袖缝分烫后，用缩过水的横料做袖衬，宽约5cm，袖衬弯势照袖口，大小按袖口规格，用本色线倒钩针撬上，针距2～3cm。见图3.2.41。

（3）分烫后袖缝：把大小袖片的后袖缝合叠正面攥好，上端10cm部位要放吃势，上段有窝势，攥好后划准袖衩位和袖口规格，再缉后袖缝，同时把袖里子一起缉好，分烫面子后袖缝后，缉袖口夹里。

合攥里面两缝时先把袖口衬和袖口边攥牢，攥袖口定线用面料颜色线，攥时要放松些，袖里要留1cm坐势，攥好后将袖里坐势烫平服。见图3.2.42。

（4）袖子前后缝攥线：面子的前袖缝与夹里的前袖缝在袖底弧线10cm以下开始两片攥牢至袖口。后袖缝面与里也从后袖山弧线10cm处开始，攥至袖口开衩处。见图3.2.43。

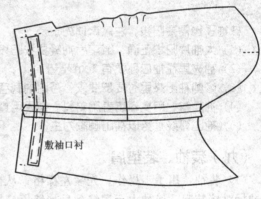

图3.2.41

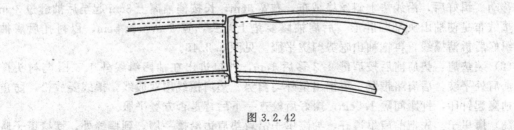

图3.2.42

修剪袖山头里子时把袖子翻过来，袖面朝外，袖山头部位里子留1cm长，袖底部里子留2cm长，然后按袖山周围修剪圆顺。

袖子摆平，袖口上盖水布喷水烫缝10cm，烫平、烫煞。

抽拢袖山头吃势，要按袖山倾斜度大小来抽拢。倾斜度大的部位抽吃势大些，倾斜度小的部位抽吃势小些；还要根据原料性能与厚薄来决定，一般袖山头抽吃势大小为3.5cm左右，袖山头平（横）丝部位为0.5cm左右。抽吃势自袖底起至前偏袖止，缉缝宽为0.6cm，吃势圆顺均匀，定线固定一周。见图3.2.44。

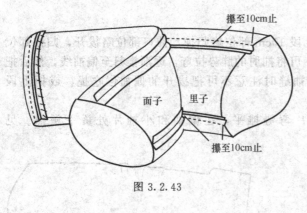

图3.2.43

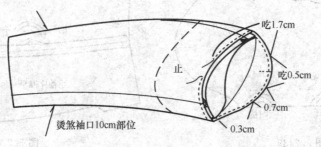

图3.2.44

做袖子也需要归拔，注意事项如下。
（1）大袖片归拔正确，缉前后袖缝要按归拔位置缉线。
（2）袖夹里在袖口处要有1cm坐势。
（3）修剪袖山夹里时要按要求，否则袖底容易起吊。
（4）袖口衬，用横料或者用斜料。如果用直料，一定要缩水。
（5）袖山弧线吃势以袖山圆顺为主。

（九）装袖、装垫肩

（1）装袖：用手工操作。先装左襟格，从袖前缝对准袖窿凹势对档装起，或从袖标和大身袖标对档装起，经袖山至肩缝到后袖缝攀一周止。攀线针距0.8cm，攀缝大为0.7cm。袖子前后以大袋口1/2为准，袖子横丝要平衡，前后圆顺，戤势登直圆顺。装右襟格时以左襟格为准，检验一下前后缝、肩头缝两格是否对称，前后是否一致。车缉袖缝要注意不可把袖吃势移动。缉好后，沿线垫上斜丝络绒布，布宽3cm，长按偏袖离上3cm起至后袖缝过3cm止，垫绒布是使袖山头呈圆胖形。后肩袖窿要垫上衬头，宽2cm，长5cm，以衬托后肩袖窿。缉好后拆清攀线，再把袖山吃势归烫平服。见图3.2.45。

（2）装垫肩：垫肩前后按肩缝1/2移后1cm，外口进出在袖窿缉线外1.5cm与衬头攀牢。前肩处平装，后肩略带紧，要攀出里外匀窝势。垫肩攀线用双股线，攀线要放松，防止正面袖窿起针印，针距间隔1.5cm，攀好后检查一下后背是否方登平服。

（3）攀里子：先把前肩里攀好，袖窿里子沿着垫肩边沿攀一周，到摆缝处，摆缝里子略放松，以防正面摆缝起吊；袖窿里要攀得圆，然后将袖子夹里拉平折转贴在袖窿上，前后袖缝对准攀针一周，在攀袖窿时针脚要细，吃势均匀圆顺。见图3.2.46。

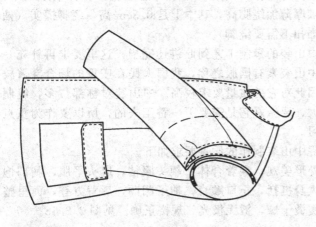

图 3.2.45

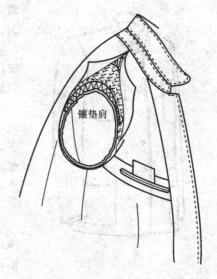

镶垫肩

图 3.2.46

技法提示

装好呢中山装袖子的注意事项如下。
(1) 呢中山装袖子圆顺、居中，两袖对称，前圆后登。
(2) 肩缝与袖夹里，平服略宽舒，不可起吊。
(3) 装垫肩做到肩部平服，前圆后登。

（十）缲、锁、整烫、钉纽

(1) 缲里子：中山装缲里子部位有领里、肩里、袖窿里，底边挂面两角。缲针要整齐、圆顺。起点至末尾要缲来回针，线头不外露。缲针每厘米为12~15针，后背里子坐势花绷长度为4~5cm。见图 3.2.47。

(2) 划锁眼子：划眼位，左襟格开眼五只，第一眼离下领缺嘴1.8cm，第五眼对齐大袋口、第二眼对齐小袋口，中间两只排匀。眼子离进止口1.5cm，眼大2.3cm。大袋盖眼位按1/2居中，眼子离进止口1.5cm，眼大2.3cm；小袋盖按尖嘴居中，眼子离进止口1.5cm，眼大1.6cm，手工锁眼每1cm为10针，针脚要齐，针花要匀，眼头要圆，反面要光，套结正下，线头不外露。

(3) 整烫：整烫前拆清全部线头，拆线头时要按攥线顺势拆，不要倒抽拉，以免拉破面料。整烫是产品定型的一项重要工序，整烫的好与坏，直接关系到产品质量。整烫技术熟练，技艺运用恰当，既省工时又可提高外观质量，而且能弥补某些部位缝制质量的不足。反之，则不仅影响缝制质量，而且直接影响外形美观。

整烫步骤：①轧袖窿；②烫肩缝、烫袖窿山头；③烫胸部；④烫大小袋与省缝；⑤烫摆缝与后背；⑥烫止口、挂面、底边与里子；⑦烫领头二角，反面窝形烫。

胸部和大袋要放在圆形布馒头上烫，止口要烫薄，并且有窝势。烫时要依照归拔及缝制时的要求，横直丝

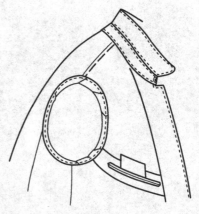

图 3.2.47

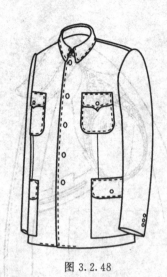

图 3.2.48

绱归顺直,各部位不可有极光与水花印。要烫干烫煞为止。

（4）钉纽扣：按眼位划准钉纽位置。钉针四上四下,按门襟厚薄加绕脚高,基本上是 0.3cm 高,绕脚攥实（袖口装饰扣不需要绕脚）。

中山装的缝制工艺到此讲述完毕,这里要求再补充一点,中山装素有国服之称,我国人民在庄重的场合穿着较多,因此对它的质量要求较高。中山装对称部位多,缝制难度大,要做好它是需要下一番工夫的,所以要作为重点来学习。

呢中山装制作的质量要求如下。

外形美观,穿着合体,领头服帖,肩头平服,胸部饱满,大身挺括,止口顺直,袖子圆顺,后背方登,面里整洁,熨烫干燥,烫无极光,规格正确。见图 3.2.48。

技法提示

制作呢中山装要求如下。
(1) 缲边针脚整齐,密度不能过稀,线结头不能外露。
(2) 划眼在左襟格,五颗纽扣位置准确,进出适当。
(3) 钉扣,除袖口装饰扣不绕脚之外,其它都按面料厚薄确定绕脚高低。
(4) 一件衣服的质量好坏关键在于烫工,因此整烫很重要。要求烫平挺,不可烫焦、烫黄。

男式西装缝制工艺

第一节 男西装精做缝制工艺

一、外形概述与外形图

单排两扣，圆角，平驳头，三开袋，大袋双嵌线，装袋盖，前身收胁下到底边，后身开背衩，袖口开真假衩，并钉样纽三粒。见图4.1.1。

二、男西装假定规格

cm

衣长	胸围	肩宽	袖长	袖口	驳头宽	手巾袋	大袋
72	106	44	59	14	8	10	14.5

三、男西装缝制工艺程序

图4.1.1

检查裁片 → 打线钉 → 环针 → 收省 → 推门(推归拔) → 做大身衬、烫衬 → 做垫肩 → 后背工艺 → 做袖子 → 复大身衬 → 撑驳头(纳针) → 开手巾袋和大袋 → 做夹里、开里袋 → 做门里襟止口 → 合绱摆缝和做背里 → 绱肩缝 → 做装领头 → 装袖子 → 锁眼钉纽、整烫

西装参考规格系列和零部件规格见下表。

cm

号	160		165			170			175			180			备注
型	88	91	88	91	94	88	91	94	88	91	94	91	94	97	
衣长	70		72			74			76			79			
胸围	103	106	103	106	109	103	106	109	103	106	109	106	109	112	
肩宽	42.5	43.5	43.5	44	44.5	43.5	44	44.5	43.5	44	44.5	43.5	44	44.5	
袖长	57.5		59			60.5			62			63.5			
袖口	14		14			14.5			14.5			15			
驳头宽	7.5		7.5			8			8			8.5			
手巾袋口大	10		10			10.2			10.2			10.5			或者按胸 $\frac{1}{10}-0.5$

续表

号	160	165	170	175	180	备注
手巾袋口宽			2.5			
大袋口大	14.5	14.5	15	15	15.5	
大袋盖宽	5.3	5.3	5.5	5.5	6	
里袋口大			14			或者1/3衣长
背衩长	22	22~23	22~23	23	24	
驳头缺嘴大	3.6	3.6	3.8	3.8	4	
前领角宽	3.3	3.3	3.5	3.5	3.6	
后领宽	3.8	3.8	3.8	3.8	4	
领脚宽	2.6	2.6	2.8	2.8	2.8	

西装缝制工艺流程（成批生产）如下。

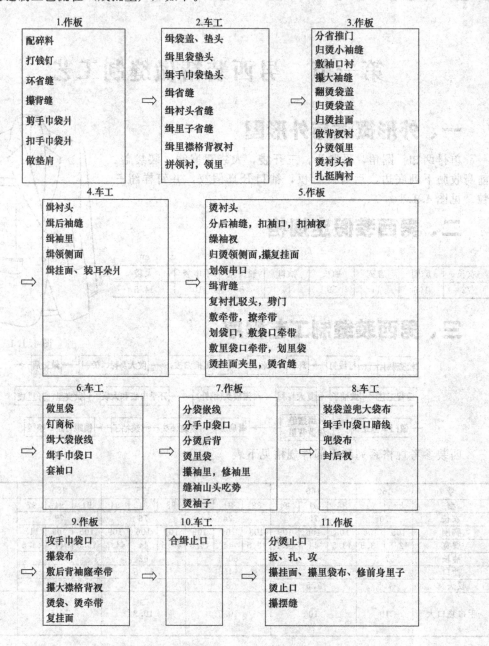

1. 作板
配碎料
打钱钉
环省缝
攥背缝
剪手巾袋牙
扣手巾袋牙
做垫肩

2. 车工
缉袋盖、垫头
缉里袋垫头
缉手巾袋垫头
缉省缝
缉衬头省缝
缉里子省缝
缉里襟格背衩衬
拼领衬，领里

3. 作板
分省推门
归烫小袖缝
敷袖口衬
攥大袖缝
翻烫袋盖
归烫袋盖
归烫挂面
分烫领里
烫衬头省
扎挺胸衬

4. 车工
缉衬头
缉后袖缝
缉袖里
缉领侧面
缉挂面、装耳朵牙

5. 作板
烫衬头
分后袖缝，扣袖口，扣袖衩
绷袖衩
归烫领侧面，攥复挂面
划领串口
缉背缝
复衬扎驳头，劈门
敷牵带，撩牵带
划袋口，敷袋口牵带
敷里袋口牵带，划里袋
烫挂面夹里，烫省缝

6. 车工
做里袋
钉商标
缉大袋嵌线
缉手巾袋口
套袖口

7. 作板
分袋嵌线
分手巾袋口
分烫后背
烫里袋
攥袖里，修袖里
缝袖山头吃势
烫袖子

8. 车工
装袋盖兜大袋布
缉手巾袋口暗线
兜袋布
封后衩

9. 作板
攻手巾袋口
攥袋布
敷后背袖窿牵带
攥襟格背衩
烫袋、烫牵带
复挂面

10. 车工
合缉止口

11. 作板
分烫止口
扳、扎、攻
攥挂面、攥里袋布、修前身里子
烫止口
攥摆缝

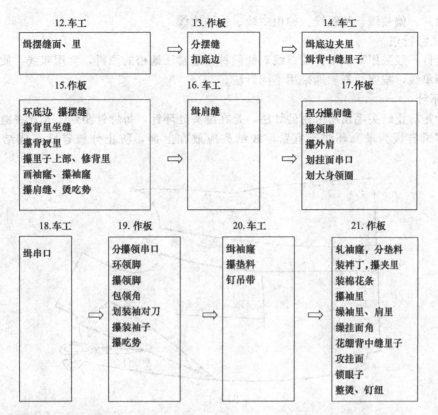

四、零部件裁片

为了避免在裁制中漏配，这里将零部件排列如下。

（1）面料类：领面、挂面、大袋盖、手巾袋爿、大袋嵌线、手巾袋袋垫布、耳朵片、领里（领侧面）等。

（2）里料类：除大身夹里和袖子夹里之外，还有大袋盖里，大袋袋垫布，吊袢带，里袋嵌线、里袋袋垫布、垫肩盖布等。

（3）衬料类：软衬（粗布衬）、黑炭衬、细布衬。

① 软衬包括大身衬。

② 黑炭衬包括胸衬、驳头衬、领衬（胸衬等也可用马尾衬）。

③ 细布衬包括盖肩衬、帮胸衬、垫肩的下层布、下脚衬。

（4）袋布类（漂布、棉涤布）：袖口衬、背衩衬、袋口牵带、袋口衬、漂布牵带、盖驳衬、盖领衬、大袋布、手巾袋布、里袋布。

（5）其它：棉花或泡沫塑料垫肩，商标。

袋布基本上按袋口大加4cm，大袋长，按底边上2cm，或者1cm；手巾袋长13cm，里袋长18cm。

五、缝制工艺

（一）线钉的部位和针法

1. 打线钉的部位

前衣片：驳口线、眼位线、手巾袋、大袋口、腰节线、摆缝线、装袖对刀线、底边线。

后衣片：背高线、腰节线、背缝线、背衩线、底边线。

大袖片：偏袖线、袖衩线、袖山中线、袖贴边线。

2. 线钉针法

打线钉一般采用双线单针或单线双针两种。通常质地松的原料，宜用双线，质地紧实的原料可用单线，按照面料质地采用不同针法。

3. 环针

环针是防止缝头毛出所采用的针法，是在缝头处环针，每针针距约1cm，在缝尖处环针线以不露缉省线为准。环线不宜紧，线结头应放在上面，防止分烫省缝有线结头印。见图4.1.2。

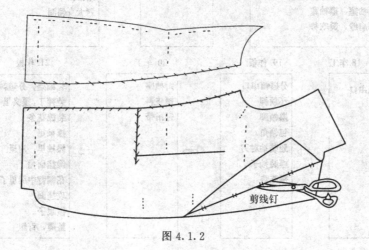

图 4.1.2

（二）收省

（1）剪省缝：胸省一般以单片剪为好，因前胸省丝缕要求直丝，若两片叠剪上下层直丝不容易准，尤其条格原料。如果是法兰绒类面料，可以双层叠剪，剪到离省尖位置留4cm，不可剪到头。

（2）缉省缝：缉省之前，用攥纱攥牢，防止移动或松紧。用细粉划缉省缝头，粉线要借出缉线，防止缉在粉线上。缉胸省应从上部省开始。因为省尖部位很重要，不能有几丝偏歪和裂形。为了保证缉省质量，可用薄纸压住缉省，缉省缝头按制图要求，省尖要尖、不可缉成胖尖或平尖形。

怎样操作才能把省尖缉尖呢？操作时先缉三四针空车，然后再缉到大身的省尖处，不需缉来回针，要求留线头，手工打结，防止省缝拉还或抽紧。如果是薄形面料，胸省可不剪开，垫本色斜面料一起缉省，垫料偏出0.7～0.8cm，省尖处伸上1cm，作用是弥补尖瘦形，经分烫后再把垫料剪成梯形省尖。见图4.1.3。

（3）分烫省缝：先把攥纱拆掉，胸省尖线头打好结头，并把线头修净。分烫前腰节省要

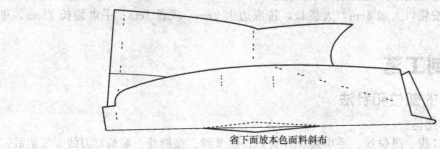

省下面放本色面料斜布

图 4.1.3

把省缝分开烫煞。分烫腰节省如果不垫本色斜条，省尖处要用手工针插入尖头处，防止偏倒。胸省中腰处丝缕要向止口边外弹0.6~0.7cm，这样分省是为以后推门作准备，特别是化纤面料，更应如此。

> **技法提示**
>
> 缉省的作用是什么？
> （1）缉省，尤其是腰节省，在胸部无论是垫布缉省或者分缝缉省，都要顺直，省尖头缉尖，不可拉还或吊紧。
> （2）分烫省缝时，要为前衣片推门做好准备，要把腰省向止口推出，腰节处适当带归。
> （3）在烫胸部时要注意不能把胸省尖烫出酒窝或拉还等，要烫平服、烫散。
> （4）线钉位置正确，各部从小到大不要有遗漏。
> （5）环针整齐，环针前把行头修齐。

（三）推门（推归拔）

前衣片的归拔方法如下。

（1）推烫门里襟止口：先将前身的门襟靠身体，喷上水，由胸省向门襟止口推弹0.6~0.7cm，并将胸省省尖烫圆顺，门襟止口丝缕要归直，烫顺烫平，随后在驳口线中段归拢。见图4.1.4。

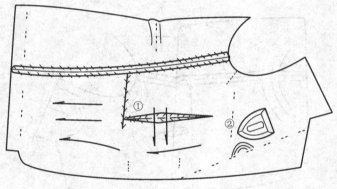

图4.1.4

（2）归烫中腰：把衣片调头，摆缝靠身，把大袋中间的丝缕归直，烫斗在中腰处，把胸省中腰后侧的回势归拢，归到胸省与腋下省的1/2处。见图4.1.5。

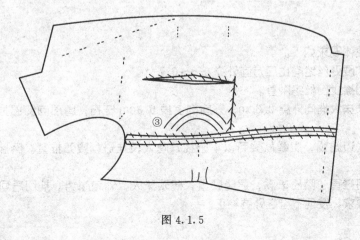

图4.1.5

（3）归烫摆缝与袖窿：腰上段摆缝处横丝绺抹平烫，下段臀部的胖势略归，推直，中段腰节处回势作归烫。再把腰部放平，胸部直丝略朝前摆喷水将胸部烫挺。这样袖窿边就可产生回势，随后将回势归拢，归时斜丝、横丝要均匀。见图4.1.6。

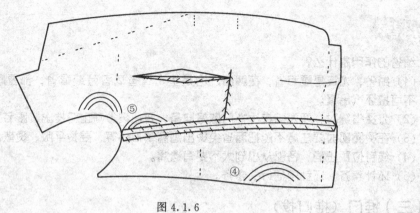

图4.1.6

（4）推烫肩头及下摆：将肩头靠身体，喷水把领圈横丝绺烫平，直丝绺向外肩抹大0.6cm。直丝后倾的目的是防止里肩丝绺弯曲起链状。再在外肩袖窿上端7cm处直丝延伸，这样肩头就会产生翘势，然后将肩头翘势推向外肩冲骨（肱骨处），保持肩头翘势0.8cm。

再把衣片调头，烫下摆，下摆靠身体，喷水向上推烫，防止底边还口。见图4.1.7。

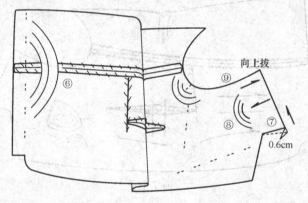

图4.1.7

技法提示

归推拔的具体要求如下。
（1）前身中腰处丝绺向止口方向外弹0.6～0.7cm。
（2）前身门襟止口丝绺顺直。
（3）横开领抹大推向外肩0.6cm，外肩向上拔0.8cm左右，肩部向胸部推下，袖窿部位归拢。
（4）下摆底边归拢，摆缝从腰节以下归拢，向大袋推进，腰节推直。胸部胖势圆顺，一般高约1.5cm。
（5）做到门襟直，胸部丰满，摆缝顺直，横领抹大，外肩翘势。推门后可将两格衣片合对，根据上述要求，发现不符之处要补正。

（四）做衬头和烫衬头

衬头是毛料服装内部衬托的主要部件。好的衬头能使胸部挺括丰满。因此，衬头的好坏直接影响到一件西装的质量。

1. 衬料的缩水

缉衬之前，先要缩水，防止走样。如果下脚衬不用漂布或细布，也可以用软衬。

2. 裁配衬头、缉衬头

（1）西装衬头有：①大身衬❶，②挺胸衬，③驳头衬，④盖肩衬，⑤帮胸衬，⑥下脚衬，⑦盖领衬，⑧袖口衬，⑨背衩衬等。见图4.1.8。

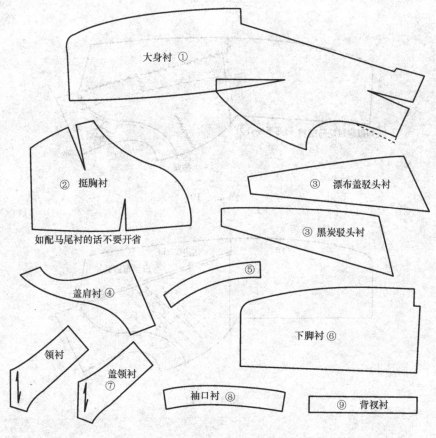

图4.1.8

（2）拼缉衬头省及定衬：拼缉衬头省时先用过桥衬垫好，用斜针短缉。喷水烫平。见图4.1.9。然后把黑炭衬或马尾衬复在大身衬上，用攒纱把中心攒牢，再把盖肩衬攒上，在盖肩衬中间略伸开一点，使大身肩头翘势相符。见图4.1.10。

（3）缉衬：缉胸衬，要采取斜角缉，从胸部中间开始，每行相距0.8cm左右，要求间距一致，缉到肩头时要注意翘势丝缕，不能让翘势跑掉，并把盖肩衬一起缉好。白漂布盖驳衬必须叠进胸衬0.7cm。见图4.1.11。

缉邦胸衬和下脚衬：邦胸衬略紧，缉线4~5道，然后把下脚衬盖上胸衬1cm左右。斜缉线，距离3.5cm左右，离开止口线约1cm。见图4.1.12。

---

❶ 大身衬的前胸省尖一般都要和面子省尖叉开，因为两省重叠会太厚。另外，胖势集中在一点上，基本不散不圆，容易产生瘪胸。配衬时应按制图要求裁配。

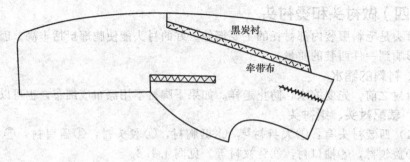

图 4.1.9

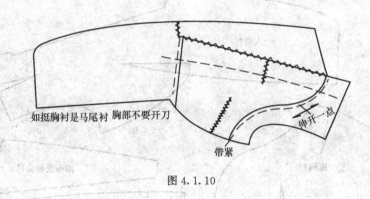

图 4.1.10

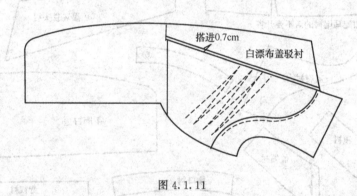

图 4.1.11

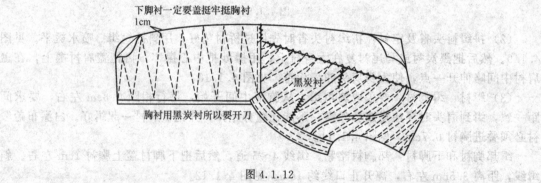

图 4.1.12

3. 烫衬

在烫衬之前,先把两衬复合,看其缲衬后是否走样,如未走样,将衬头用水喷湿喷匀,使水渗透布丝，用高温用力磨烫，使上下衬布平薄匀恰，加强胸部弹性。为了把衬头胸部处烫圆烫匀，以下归纳几点。

（1）先在大身衬的中间，把腰节以下的衬头烫实。接着把肩头调头，再把腰节以上胸部胖势烫实。见图 4.1.13。

（2）把肩头烫平，外肩上端擒直，保持1cm翘势。见图 4.1.13。

（3）把袖窿与帮胸衬处拎起，并将驳口线中间的挺胸衬略归烫平，保持衬头窝势。见图 4.1.13。

（4）把驳口处擒起，并把袖窿及帮胸衬之间归拢烫平，使胸部胖出。见图 4.1.13。

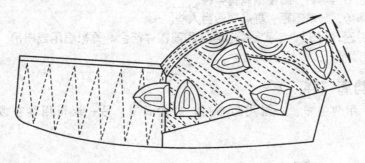

图 4.1.13

以上这四边的熨烫，是烫衬的主要部位，把衬头边沿解决了，再烫衬头的挺胸部位。

（5）将驳口中段和帮胸衬的袖窿处归拢烫实，衬中略伸。见图 4.1.14。

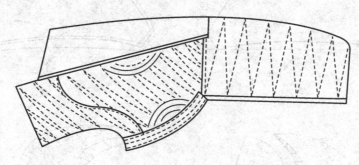

图 4.1.14

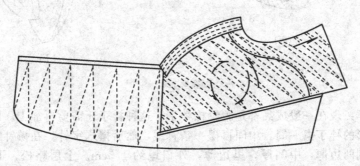

图 4.1.15

（6）烫挺胸衬，要左手擒起大身衬的腰节，右手在胸部前后熨烫。再将大身衬调头，左手擒起衬肩，右手在胸部前后熨烫。这样正反两面来回熨烫磨圆。使它的基点适当大一点，并把胖势烫圆顺。见图 4.1.15。

> **技法提示**
>
> **怎样绱好西装衬头：**
> (1) 绱衬平服，线条顺直，绱帮胸衬时略带紧。
> (2) 大身衬绱衬之后，不可有链形。
> (3) 烫衬以后，大身衬头平服不可有链形。
> (4) 衬头叠省缝的缝头要小。无重叠感觉。
> (5) 衬头上下层匀恰，胸部饱满有弹性。
> (6) 胸部胖势，分散圆顺，基点要适当大些。
> (7) 衬头烫后，胸部胖势与肩头翘势要和前衣片符合。烫衬后用线串吊，冷却二小时后方可复衬。

（五）做势肩（袢丁）

（1）用料：用两层布，一层用粗布衬，放在底层，另一层可用纱布或者羽纱。见图4.1.16（甲）。

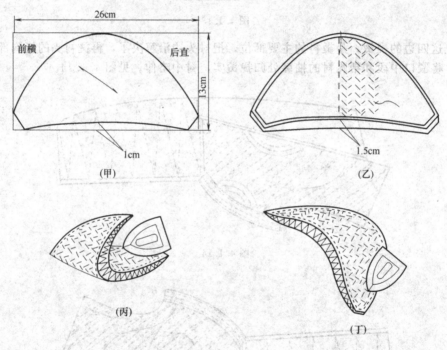

图4.1.16

（2）扎袢丁：现在一般成品都是腈纶棉袢丁，这种袢丁还需要再加工，即复盖好上下层布料，把三角形的袢丁攥一周，中间再攥一条直线，然后攥八字针。在攥针时要注意棉花应向外口推，做到两边薄，中间厚，里边薄，外口厚约1.5cm。上层略松，下层略紧。见图4.1.16（乙）。

（3）烫袢丁：把袢丁反面用电熨斗磨平，并把它烫出里外匀，因为攥针的时候是下层紧上层松，烫成为自然的窝势。见图4.1.16（丙）。反面烫完后，翻过来烫正面，上层烫平，保持窝势，两边烫平服。见图4.1.16（丁）。

（4）袢丁的作用可参阅呢中山装的有关章节。

> **技法提示**
>
> 做好一付棉花袢丁的要求:
> (1) 两只袢丁厚薄一样,棉花均匀。
> (2) 两只袢丁攥线紧松、针脚长短要一样。
> (3) 两只袢丁大小一样。
> (4) 两只袢丁外口应呈自然翘势,符合人体肩头造型。

(六)后背工艺

人体背部两端有明显的肩胛骨隆起,背中呈凹形,两肩斜形,虽然裁剪采用了背缝捆势和肩斜,但单靠裁剪还不够,还必须归拔。

(1) 攥背缝:按背缝粉印或线钉,从后领圈开始攥至背衩,并要在背部胖势处,把攥线略抽紧一点,同时,把背缝弧线烫成直线。见图 4.1.17。

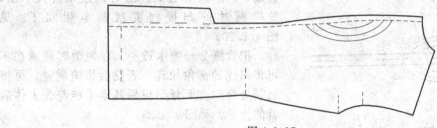

图 4.1.17

(2) 做背衩,门、里襟格,一般可用缩水白漂布做牵带布。也可以用白漂布做里襟衬,若用里襟衬,要把带布放宽 3~4cm。门襟格也用白漂布,做背衩的门襟衬宽约 4cm,衩口以下 10cm 左右略带紧一点,两边攥暗针,线放松,不能露针花。见图 4.1.18。

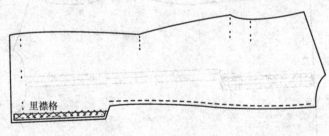

图 4.1.18

缉背缝。背缝烫成直线后,按线钉缉背缝,以开衩口按背衩线钉缉好来回针。见图 4.1.19。

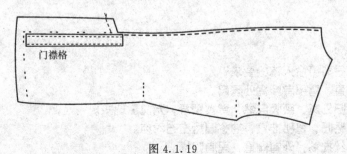

图 4.1.19

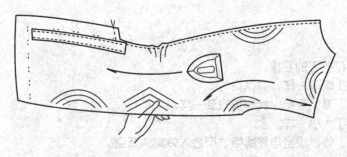

图 4.1.20

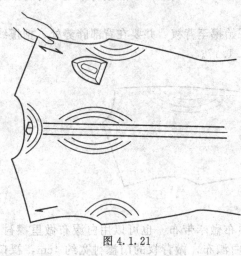

图 4.1.21

（3）后背归拔：先将肩缝靠身体，喷水，靠里肩部位多归，外肩少归。归烫时由左手拉住外肩上角，熨斗将横丝绺推向肩胛骨，外肩上端拔长 0.5cm。

在后袖窿处归，腰节处拔开，摆缝熨烫成直线，两层重叠合烫，然后翻过来再烫一次，这样两片的归拔程度就基本相同了。见图 4.1.20。

把背缝分开喷水烫平。在熨烫时注意切不可将归拢的部位拉还，否则会影响质量。再将后领处略归。后背归拔后基本上能符合人体后背的体形。见图 4.1.21。

（4）敷牵带：当后背归拔分缝烫平之后，为了防止袖窿还开，在袖窿处拉上牵带，牵带在外肩处 4cm 以下。见图 4.1.22。

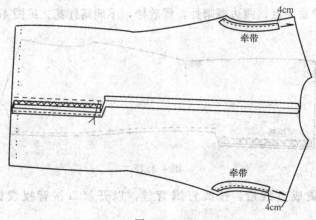

图 4.1.22

技法提示

怎样才能使后背符合人体的要求？
（1）背缝归直，背部肩胛骨处窿起。
（2）中腰里归外宽，腰吸自然，背衩顺直，无搅豁现象。
（3）上摆缝略归，臀部推直，袖窿归势左右对称。
（4）肩头横丝推落，外肩伸直，里肩归拢。

（七）做袖子

一件西装的袖子在外观上应弯势自然平服，装上大身后达到前圆后登的效果。装袖子的工艺技巧与做袖子的操作工艺有着直接的联系。袖子虽然只是由前后两条缝拼成，但拼缝中也有归、拔等不同的工艺要求，因此在操作时应引起重视。

（1）归拔大袖片和大小袖片的拼缝：归拔大袖片与呢中山装归拔大袖片相同，这里不赘述。

拼绱大小袖片的前袖缝，要先将两片面子正面相合，沿着前袖缝攥一道线，大袖片上部袖弧线以下10cm处略吃势。袖肘线处适当拔开，绱缝时，大袖片放在上层，小袖片在下层，绱线0.8cm，然后喷水烫分开缝。见图4.1.23。

（2）袖口贴边：按线钉贴边宽3.5cm，折转烫平。见图4.1.24。

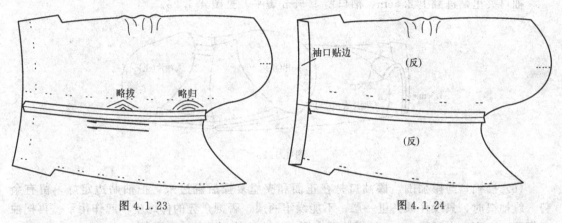

图4.1.23　　　　　　　图4.1.24

（3）攥袖口衬：一般可用缩过水的横料漂布，外口放眼刀折转与袖口平齐、袖口贴边和袖衬一起攥牢，再把袖衬用三角针绷好，正面盖水布烫煞。见图4.1.25。

（4）绱后袖缝：根据后袖缝的线钉，在后袖缝上部略吃一点，大片放下面，小片放上面，攥好线，绱线顺直，袖口真假袖衩处小袖片摊平，大袖片的袖口贴边定好，缝头0.8cm，绱线之后，袖口贴边翻上烫好，袖衩长短一致，绷好袖衩口的三角针，在绷袖衩三角针的同时缲好袖口衩宽的1/2，攥好袖口贴边，翻过来用水布盖住，喷水烫平，袖口在10cm处烫煞。见图4.1.26。

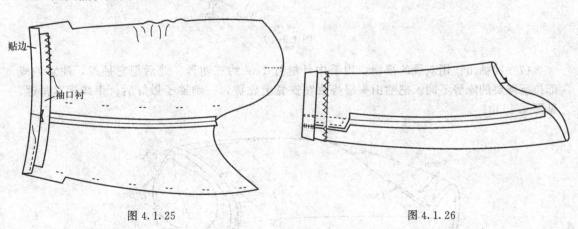

图4.1.25　　　　　　　图4.1.26

（5）复合袖面与夹里：袖面与夹里、小袖面、里反面合叠，从后袖缝10cm以下起攥针，到离袖衩10cm。见图4.1.27。

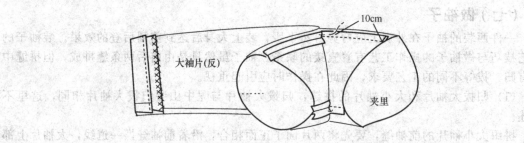

图 4.1.27

袖夹里坐倒缝定线时夹里略放松,否则翻过来整烫容易起吊。
袖口夹里贴进翻上 2.5cm,袖口留 1.5cm 烫平。见图 4.1.28。

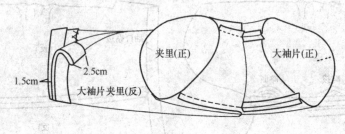

图 4.1.28

(6) 攥袖口与攥袖围:攥袖口是在正面和夹里复攥后翻过来,把袖贴边定好,留有余势。缲袖口时,只缲住袖夹里一层,不能缲牢两层,否则余势的伸缩就不起作用了。再把袖里摆平,在离袖山弧线 10cm 处攥袖围一周,袖夹里按要求修齐。见图 4.1.29。

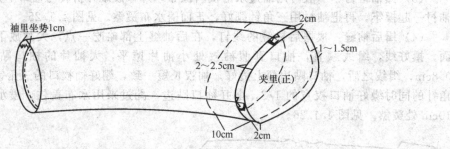

图 4.1.29

(7) 抽袖山:用双线的攥线,用手中针缝针 1cm 约三四针。缝后把它抽拢,注意抽线部位所需要的吃势不同。把袖山头层势放在铁凳上轧烫,一副袖子做好后,串线把它吊起。见图 4.1.30。

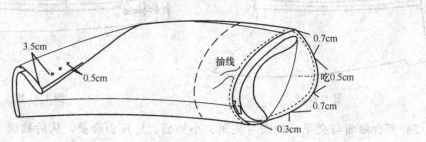

图 4.1.30

> **技法提示**
>
> 做袖子的具体质量要求是什么?
> （1）做好的袖子要有2cm左右的弯势，袖口顺直。
> （2）前后袖缝吃势恰当，缉线顺直。
> （3）袖里平服，前后袖缝的攥线不能起针印。要求攥线放宽松。
> （4）袖口缲暗针，袖口正面不能留有针花。
> （5）袖山头缝针整齐，吃势均匀，轧烫圆顺。

（八）复大身衬

复衬就是把已做好的大身衬头和前片，两层合拢，松紧相符攥在一起。复衬的好坏影响到整件西装的质量。因此，复衬是做西装的关键之一。

（1）复大身衬前，要先将归拨后的衣片和衬头冷却。这是因为熨烫后的衣片和衬头经冷却还要有回缩，回缩之后的衣片及衬头基本固定了，这时再复衬，就不会变形了。

（2）先复里襟格，上口靠身体一边，衬头放下面（白粗布衬和面子的反面重叠）面子放在上面，摆准胸部位置，里、衬松紧符合，中腰丝绺向止口方向推出约0.5cm，防止回缩，门襟丝绺归直，尤其在大袋以下推直。

（3）操作方法如下。

① 第一道攥线从肩缝中间距肩缝约8cm起针，从胸省上面到大袋前角转弯，成凹形直至下底边，离底边3cm左右，再把省缝和衬头固定攥牢。见图4.1.31。

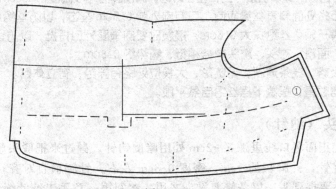

图4.1.31

② 第一道攥线之后，把摆缝翻转过来，再将胸省和大身衬攥牢固定，再攥第二道。从上领口以下沿驳口线里2cm，直至门襟止口沿边3cm。见图4.1.32。

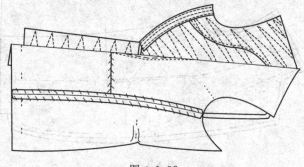

图4.1.32

③ 第三道，离颈侧点3~4cm向外肩的袖窿方向攃，再沿袖窿边攃至肋下，按衬头至中腰转弯向止口。见图4.1.33。

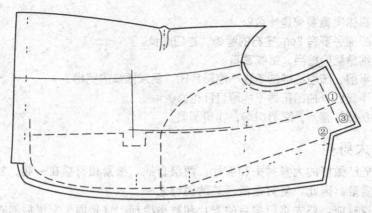

图 4.1.33

注意，在复衬时为了胸部平挺，丝缕归直，攃第二道线时，袖窿一边把它垫高，使门襟推平。攃第三道线时，把门襟处垫高，面料向后推平。攃后拎起检查一直是否符合要求。

技法提示

复衬的顺序要点：
（1）大身的两格衬头必须松紧一致，左右对称。胸部胖势一般高度约1.5cm，要求饱满圆顺。
（2）大身腰节省处面料直丝缕应向止口方向外弹0.5cm左右，以防丝缕后移。
（3）领口的横开领直丝缕抹大0.6cm，攃领时要向领圈外口捋挺，以防里肩丝缕弯曲。
（4）复衬后，面料、衬头、肩头翘势相符，翘势约0.8cm。
（5）腰节有吸势，线条清晰，无链形，大袋位处略有胖势，有立体感。
（6）门襟丝缕顺直，摆缝下摆丝缕自然平服。

（九）攃驳头（纳针）

复衬之后，在正面驳口线里1.5~2cm处用暗倒钩针。翻过来把驳头朝上，左手中指托住驳口线，纳八字针，针脚长约1cm，密度0.8cm左右，针脚横直对齐，形成八字。在外止口留1.5cm，不要攃到头，以备修剪衬头之用。参阅第一章手工纳针练习。见图4.1.34、图4.1.35。

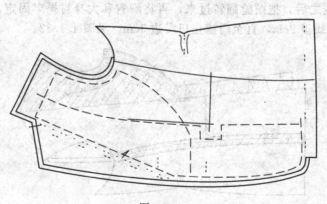

图 4.1.34

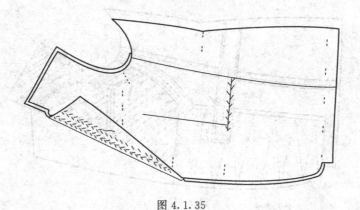

图 4.1.35

技法提示

攥针头时要注意事项：
（1）八字针要整齐，反面针花要细，不要漏针。
（2）攥针时，面紧衬松，成自然窝势。
（3）攥后把驳衬放在布馒头上按窝势烫平。

（十）开手巾袋和大袋

男西装前片面子左边一只手巾袋，两只大袋。

1. 开手巾袋

（1）用两层直丝绺衬布，长短宽窄按规格，面子留下口缝 0.6cm，袋口衬与袋爿（手巾袋贴边）面料黏合，面子两边包转缲好，面子丝绺与大身丝绺符合。见图 4.1.36。

（2）把 0.6cm 的缝头装缉在大身，另把里袋布缉在袋爿片。见图 4.1.37。

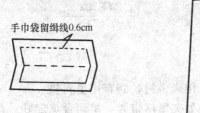
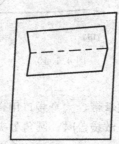
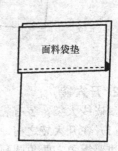

图 4.1.36　　　　图 4.1.37　　　　图 4.1.38

（3）袋垫布装在手巾袋布上。见图 4.1.38。并把这块手巾袋爿布缉在手巾袋位的上口，两条缉线间距 0.8cm，两角缉线到头，缉倒回针。上袋布两头缩进 0.5cm，缉倒回针。

（4）开分袋口。正面把袋口剪开，两端至袋垫布起落针处放直眼刀，不能剪过缉线。翻过来，将胸衬料剪眼刀至袋爿的起落针止，不可剪着大身面料，然后把袋爿面料与胸衬喷水烫分开缝，把袋布翻到里面，袋爿分缝和袋布摆平缝合，两层袋布摆平，兜缲一周。然后把手巾袋爿分缝烫平，把里袋布翻到里面去，袋爿和袋布摆平，里袋布和分开的袋爿缝合，兜缲袋布。见图 4.1.39。

（5）翻过来把手巾袋两边缲暗针，袋角平正，无外露针脚，上角暗针定牢。见图 4.1.40。

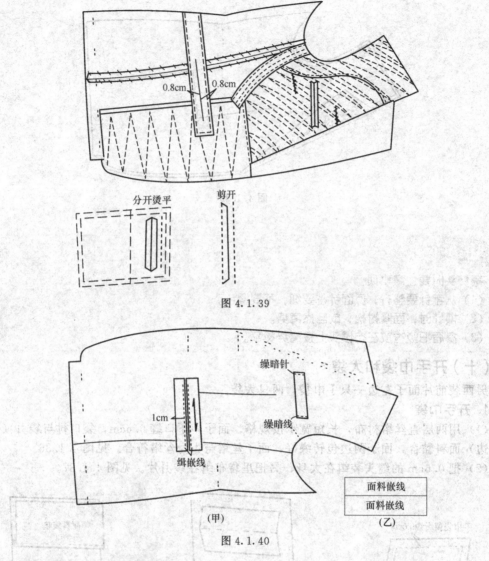

图 4.1.39

图 4.1.40

2. 开大袋

双嵌线大袋，装有袋盖。嵌线敷牵带，大身袋口用牵带衬，袋布用里料垫头。

(1) 在开大袋之前，先做袋盖，做袋盖时，圆角处夹里略带紧，里面合拢定好。在袋盖的沿边要缉角，两角圆顺，中间低落 0.2cm，翻过来烫平，做到里外匀，下口止口平直。见图 4.1.41。

(2) 缉袋口嵌线。袋口嵌线带与牵带布上下平齐，缉线顺直，袋角方正，缉线中间宽 1cm。见图 4.1.40。分烫袋口嵌线，见图 4.1.42。

(3) 做袋口之前，先缉上袋垫布，袋口分烫之后翻过来，嵌线宽一律 0.5cm，嵌线包转后平直，用手工攥牢，三角塞平，盖水布喷水烫平。先缉袋口下嵌线，在缉线时要求缉暗缝（骑缝针），不能有明针漏落在面子上；再把上层袋布装缉在袋嵌线里，装缉下层袋布，装有袋垫布的那片，放在大袋下层处，兜缉好袋布，并封好袋口三角，缉好来回针。见图 4.1.43。

(4) 装缉袋盖：把袋盖塞进袋口，袋盖宽窄一致，左右对称，然后把袋盖用线定准，缉在上袋口嵌线之中（骑缝线），也不能有明针漏落在面子上，线头在反面打结。见图 4.1.44。

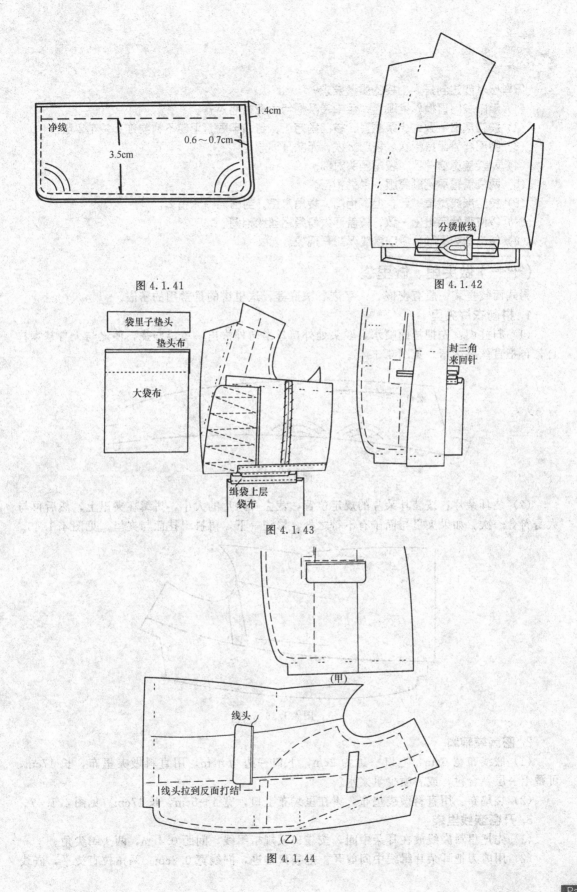

图 4.1.41

图 4.1.42

图 4.1.43

图 4.1.44

> **技法提示**
>
> 怎样做才能达到开大小袋的质量要求?
> (1) 手巾袋口直横丝缕顺直,手巾袋条格与大身条格对齐。
> (2) 袋口宽窄一致,线条顺直,袋口角方正,封口牢固,里口不露痕迹。袋布平服。
> (3) 胸部胖势保持原状,袋口挺拔,无豁开现象。
> (4) 两袋盖宽窄一致,袋角圆头对称。
> (5) 两袋盖轮廓圆顺窝服,条格相符。
> (6) 袋口嵌线宽窄一致,上下相同,袋角方正,封口清晰无歪斜。
> (7) 袋位高低与进出一致,袋盖与大身条格丝缕相同。
> (8) 袋位胖势圆顺,袋口嵌线无豁开现象。

(十一) 做夹里、做里袋

男式西装里袋一般有密嵌、一字嵌、滚嵌等,这里讲的是常用的密嵌。

1. 拼前衣片夹里

(1) 归挂面:先把挂面喷水,驳头处外口丝缕向外推出,里口归拢,使之与大身基本符合,再把直丝缕烫弯。见图4.1.45。

图4.1.45

(2) 装耳朵片:按装耳朵片的规定位置,裁去耳朵片的大小,拼缉在夹里上,然后再与大身符合一次,如果夹里与面子有不符之处,修正一下,再拼缉挂面与夹里。见图4.1.46。

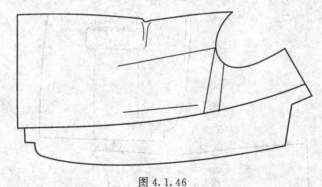

图4.1.46

2. 密嵌袋辅料

(1) 嵌线布宽6cm,上口一边为2cm,下口一边为4cm,用直料做夹里布,长17cm,可烫上一层黏合衬,或者喷少量浆水。

(2) 袋垫布:用直料做袋垫布,缉在里袋布上口,宽4~5cm,长17cm。见图4.1.47。

3. 开密嵌线里袋

(1) 先把里料嵌线放在耳朵中间,按袋口大规格缉线,间距0.4cm,两头缉尖角。

(2) 用剪刀把耳朵片缉线中间剪开。把袋口密进,嵌线宽0.2cm,两角拉直烫平,嵌线

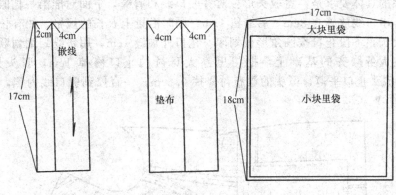

图 4.1.47

宽窄要一致。

(3) 装袋布：嵌线下口先明缉清止口一道，再把小块袋布装上。然后把大的里袋布叠上放齐，袋口中间装进琵琶祥，正面封口明缉清止口一道。袋口拉平，两头封口缉来回针，左边中间上口钉商标一只，袋布摆平后兜缉袋布。见图 4.1.48。

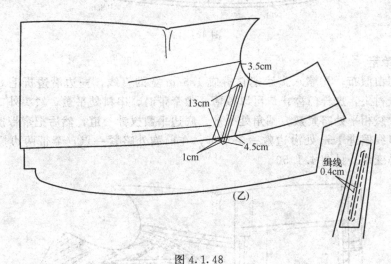

图 4.1.48

技法提示

怎样开里袋才能达到质量要求：
(1) 里袋，缉线针脚清晰，袋角方正，封口牢固。
(2) 密嵌里袋嵌线外观要细直均匀，袋口不豁开，不弯曲。
(3) 密嵌里袋嵌线外观要饱满无裂形，宽窄一致。

（十二）做门里襟止口

西装门里襟止口，在外观质量上占有很重要的地位，它是上衣缝制中关键性的工序之一，它直接影响着一件上衣质量的好坏。

1. 修剪门里襟

(1) 先把复好衬头的前身门襟烫平；(2) 按裁剪的粉线，修剪止口；(3) 先剪门襟格后剪里襟格。

修剪门襟的具体要求是：将驳头形板对齐驳口线和肩缝，下面对准第一档眼位，划上驳头净宽粉印，串口线放缝0.8cm，肩缝留1cm，同时沿量上衣长的规格，如有长短调整在底边处缩短或放长，下段止口按圆角形板划印，止口外加缝1cm，用粉线划细划顺修齐。

剪衬：在大身修齐的基础上，把门里襟大身衬的止口修掉1cm，驳头处衬头修剪0.8cm。为使驳头止口平薄，驳头的漂布衬修掉0.6cm，一直修到驳口线内侧，左右两格一致。见图4.1.49。

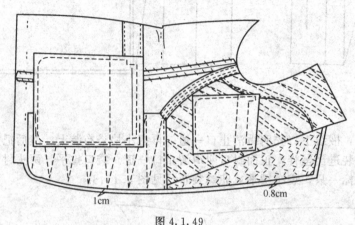

图4.1.49

2. 敷攥牵带

一般可用白漂布，先缩水，后把它折成1.5cm宽的直线，一边沿边折毛0.5cm，毛边朝外沿着外口衬头，这样门襟止口可以减薄。敷牵带时，串口处平敷，驳头外口紧敷，腰节处平敷，与大袋相平处略紧敷，圆角处平敷，底边平敷攥针一道，然后把牵带撩针，再用同样方法在驳口线偏进1cm处沿边敷一条牵带，在前胸处略紧一点，牵带两边撩针，这样前胸胖势不容易变形。见图4.1.50。

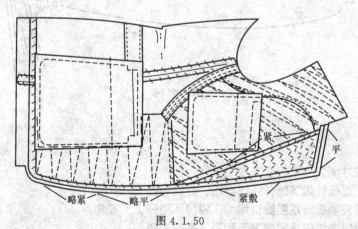

图4.1.50

3. 烫牵带、烫前身

在烫牵带的同时，要把前身各部位都熨烫平挺。因为里子复上后再烫，有些部位难以烫挺，所以采取在烫牵带的同时，把前身全面烫一遍，使前身基本定型。

(1) 先烫前半胸，下垫布馒头，盖湿布，把手巾袋直横丝绺摆正，将前半胸烫挺。见图4.1.51。

(2) 再烫上胸的后半部，下垫布馒头盖湿布，烫时袖窿边作归势烫，烫挺后把布馒头移到前袋口。见图4.1.52。

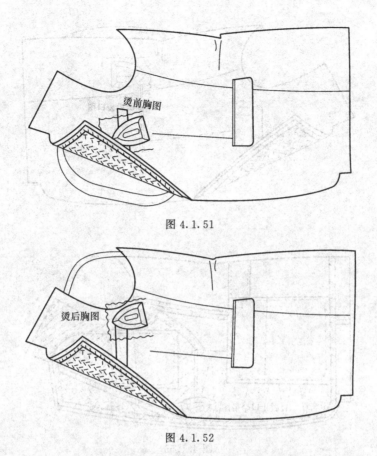

图 4.1.51

图 4.1.52

(3) 烫前半只袋口位,下垫布馒头,上盖湿布,把止口丝绺摆正,将前袋口袋盖烫平、烫挺。见图 4.1.53。

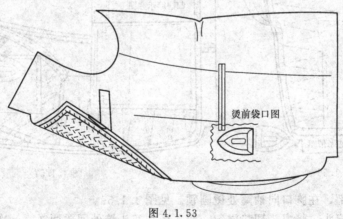

图 4.1.53

(4) 烫后袋位处,下垫布馒头,上盖湿布,把袋盖放进,将袋口嵌线烫平,烫挺。见图 4.1.54。

(5) 先将大身翻转,喷细水花,然后烫腰胁以下的止口牵带。见图 4.1.55。接着转向底边牵带上部,把布馒头搁起作窝势烫。见图 4.1.56。

(6) 将腰胁处烫平,同时逐步向摆缝腰胁处作归势烫,衣片要有窝势,将止口搁起来烫。见图 4.1.57。

(7) 烫上胸部与烫衬时相同,用左手拎起来,将袖窿处向前侧烫圆顺。见图 4.1.58。

第四章 男式西装缝制工艺

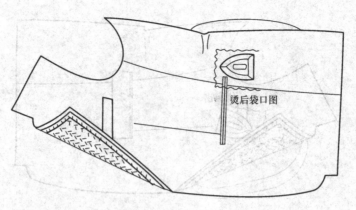

图 4.1.54

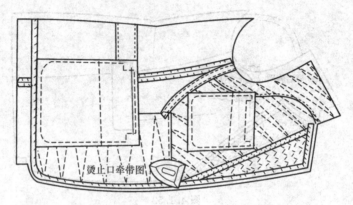

图 4.1.55

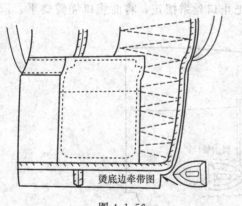

图 4.1.56

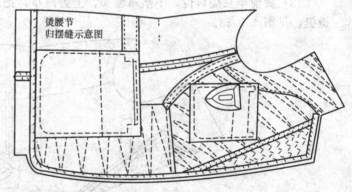

图 4.1.57

(8) 烫上胸部。在胸口向袖窿处烫圆领。见图 4.1.59。

(9) 烫前身肩头。将肩头翘势烫匀。熨斗要在肩头缝处回烫两次。一次从直领处起到袖窿中段，回转来复烫一次。见图 4.1.60。

(10) 驳头定型。前驳头牵带外口略向里推直烫匀，接着在驳口牵带上面将牵带烫匀，然后翻转驳头攀烫，上段驳口长约 10cm。见图 4.1.61。

4. 复挂面

(1) 攀挂面：先将两格挂面条格修直，左右一致，为了便于操作，应尽量避开明显条格，这样即使有些偏差，在视觉上感觉并不明显。一般驳头条子上段不允许有偏差，但在下端眼子离上 4cm 处，允许偏斜 0.7cm 左右。复挂面方法：将驳头处挂面按大身摆出一个缝

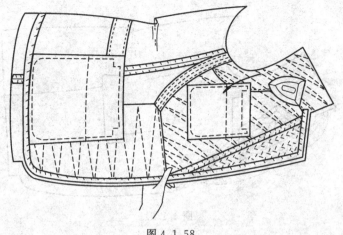

图 4.1.58

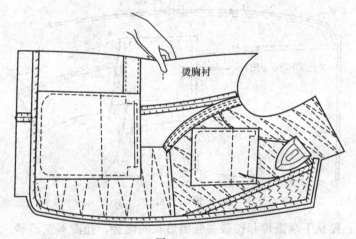

图 4.1.59

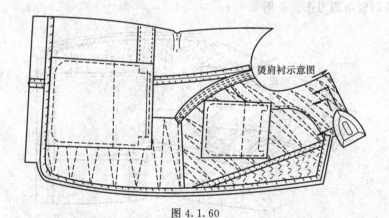

图 4.1.60

头,约 0.7cm。从领串口起沿驳口下至第一档眼位处,再从眼位到底边下脚,用攥纱攥牢,攥纱线离止口 1cm,针距约 2cm。复挂面的松紧程度要分段掌握:从第一眼位到第二眼位下 4cm 处,挂面略有吃势。当然挂面吃势要看原料厚薄作适当增减,即厚多吃薄少吃。以下的挂面放平,在离圆角 15cm 处挂面向外挏出略紧。在挂面下口横丝处再向里拉回拖紧,有里外匀。见图 4.1.62。

第四章 男式西装缝制工艺

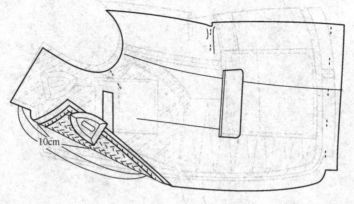

图 4.1.61

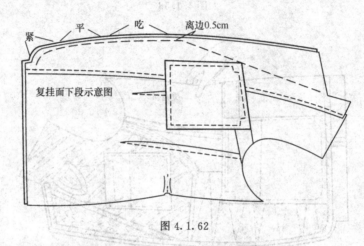

图 4.1.62

复驳头挂面：要从下端眼位起按驳头驳倒形状的窝势，挂面不宽不紧，顺势摆窝平复至上段离驳角 3cm 左右处放一点吃势，在转角点要将挂面吃拢空扎一针，固定吃势，在横丝处，略放吃势到驳角眼刀止。见图 4.1.63。

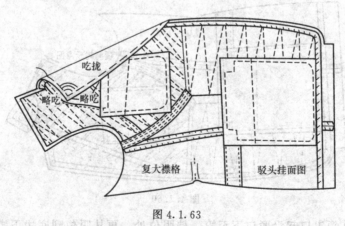

图 4.1.63

复里襟格驳头挂面时，吃势要适当。见图 4.1.64。

（2）烫挂面吃势。在驳头处下面垫"驼背"烫板，用熨斗角沿止口 2cm 左右，把挂面吃势烫匀，下段放在作板上烫匀，与烫止口牵带相同。见图 4.1.65。

（3）缉止口：缉止口在驳头处离开牵带 0.15cm，眼位以上离开牵带薄料 0.2cm，毛边

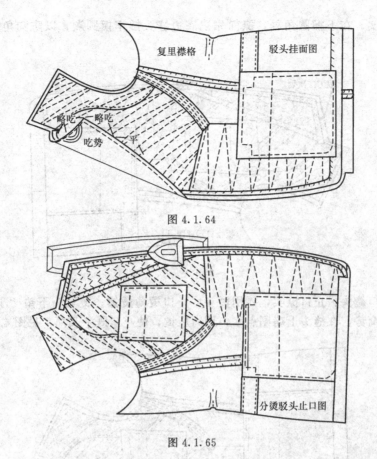

图 4.1.64

图 4.1.65

牵带要缉牢毛丝,缉丝要顺直,操作时手要朝前推送,防止缉还。也可用薄纸压着缉,止口缉好后,先要检查一下,两格驳头条格是否一致,吃势是否符合要求。

(4) 分止口:下垫驼背烫板,先将合缉后的挂面吃势均匀,再将止口缝头分开。

分烫下段止口缝,放在作板上,将挂面偏出点,底边从胁省起经圆角到上眼档上,注意不要将止口分还。然后修剪止口缝头,先修大身,留缝头 0.4cm;再修挂面留缝头 0.6cm,留多少缝头要看原料质地,如疏松的原料应适当多留一些。把驳头缺嘴眼刀划好,眼刀分两次划,大身处眼刀要划到离缉线 0.1cm 处,挂面处眼刀要离缉线 3 根丝缕。见图 4.1.66。

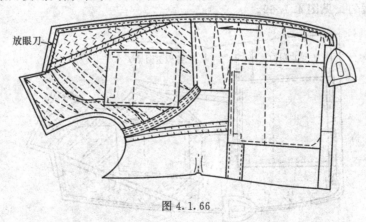

图 4.1.66

(5) 板止口:用单根攥纱,将挂面缝头向衬头面扳转,缝头多少可沿衬头扳实,驳头处扳进 0.1cm,眼档以下扳进缉线 0.2cm。撩止口是为了不使缝头移动,应采用斜形撩针法,把缝头扳顺扳实。在下摆圆角处，撩前先把底边缝头攥牢攥圆顺，以防圆角边沿不平。见图 4.1.67。

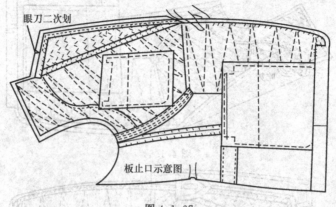

图 4.1.67

（6）烫止口缝头：止口撩实，要用烫斗将止口烫薄烫煞。烫驳头下垫"小驼背"烫板，要求摆正驳头窝势，在缝头上略刷点水，用力压烫，使止口既平又薄。见图 4.1.68。

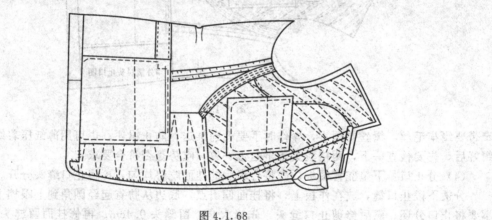

图 4.1.68

接着烫下段，止口处应将丝绺摆正，在作板上放平烫，把下止口圆角烫薄，然后翻转过来将挂面吃势烫匀。见图 4.1.69。

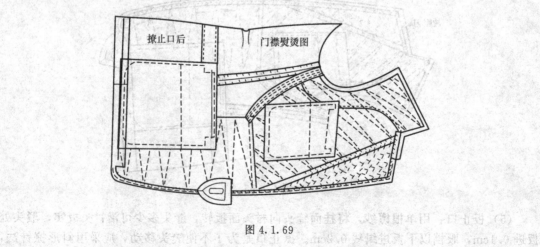

图 4.1.69

(7) 翻攥止口：将挂面翻转，驳角翻足翻平，先攥驳头止口，挂面要虚出大身 0.1cm 左右。驳头丝绺，条子要攥直攥平。见图 4.1.70。

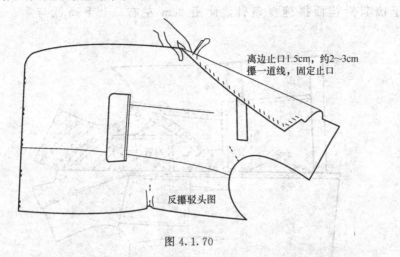

图 4.1.70

(8) 拱止口：在下止口翻出以后，用手工穿本色线暗拱。所谓暗拱止口，就是挂面处针点尽量缩小，挂面只拱牢一根丝绺，下层要拱牢牵带、衬头，但不能拱穿大身。拱线从第一档眼子开始，离止口边 0.6cm，经圆角到大身衬的里侧止，针距约 0.7cm。见图 4.1.71。

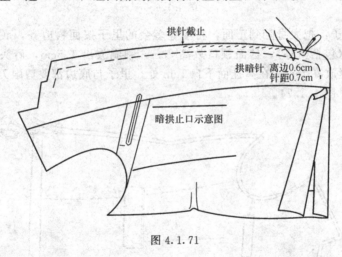

图 4.1.71

(9) 烫止口定型：将拱好的挂面止口，用干、湿布盖烫定型。烫驳头时下面搁"驼背"；烫下段止口放平在垫呢上，把止口烫薄烫煞，下摆圆角处烫成窝形。

(10) 攥挂面：先明攥，后暗攥，将止口在作板上放平，作板要清洁。在攥线前，把驳头处挂面横丝推平，防止横丝起链、领串口不平；随后顺着驳头里外匀和下段大身止口里外匀，在挂

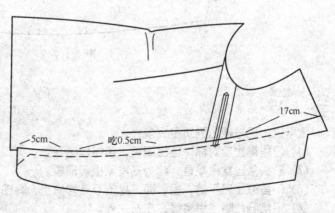

图 4.1.72

面夹里拼缝处攥明线一道,针距约 4cm,从上至下 17cm 处起至下口上 5cm 止。见图 4.1.72。

将里子撩起沿挂面拼缝攥暗针,针距 2cm 左右,上下高低与第一道攥线同。见图 4.1.73。

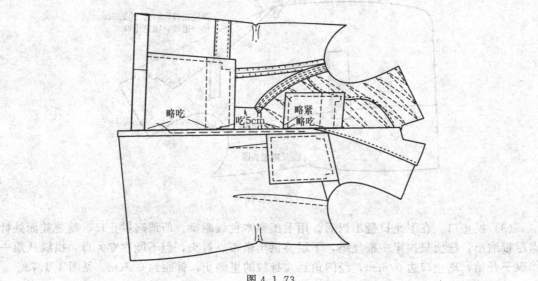

图 4.1.73

(11) 修剪里子:把大身翻到正面,将摆缝多余的里子按面料剪齐,底边处里子按大身净长放出 0.7cm(包括坐势),挂面领口放高 2cm,领圈放出 1.5cm,肩头放高 1cm,袖窿放出 0.7cm,摆缝放高 1cm。在离挂面下口 1cm 处,里子与底边都要剪眼刀或划粉印,为兜绱底边作标记。见图 4.1.74。

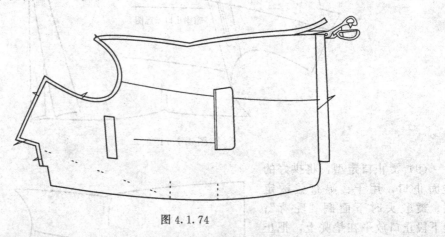

图 4.1.74

技法提示

怎样拱止口才能达到质量要求:
(1) 门里襟止口对称,止口顺直,条格丝绺一致。
(2) 驳头条子丝绺顺直,胖势挺拔无松紧现象。
(3) 门里襟止口平薄,里、面、衬的里外匀恰当,胸部饱满。
(4) 下摆圆角略向里窝服,左右一致。

（十三）合缉摆缝

上衣摆缝，是上衣缝合的中间工序，一般看来比较简单。但它的缝制好坏却能够影响到背部是否平服、臀部是否圆顺和中腰是否有吸势、止口是否有豁搅等外观质量。西服类的摆缝是弧线形，中腰有凹势，上摆有弧度，臀部有胖势，在缝合前需进行一次推归拔的熨烫工艺。因此，要做好摆缝并不简单。

1. 攥摆缝

攥摆缝之前，先将后背里子归拔成形，归拔方法与面料相同。然后将面子前后衣片的摆缝高低对齐，对准腰节线钉，从腰节起分上下两次攥，攥线缝头1cm，里子前后腰节之间对齐对准，攥线缝头0.8cm，即面料攥外侧，里料攥内角侧，攥时，必须按摆缝归拔后的定型要求，归势不可攥还。见图4.1.75。

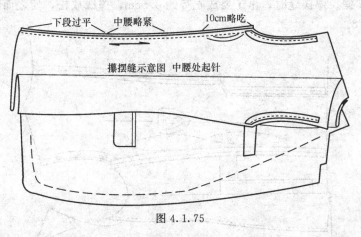

图4.1.75

2. 缉摆缝

缝头0.9cm（需要做放缝的除外），面里相同。缉时手朝前推送，要防止摆缝缉还。上下手打倒回针，缉线顺直，同时将子摆缝一起缉好。

3. 烫分开摆缝

先将里子摆缝毛缝沿缉线朝后身扣倒烫顺，在吸腰处适当拔宽里子缝头，然后将前身止口朝身体一边摆平，在缝头处喷水用熨斗尖角将缝头分开烫平烫煞，切不可烫黄，更不能把归的部位烫还。见图4.1.76。

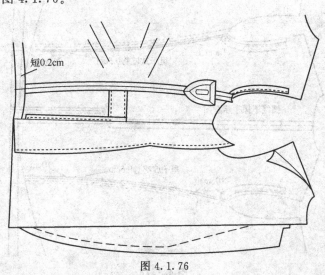

图4.1.76

接着将背缝烫直，不可拉还，摆缝向前身侧摆弯，把背部胖势向摆缝侧摆顺，用熨斗将胖势推烫均匀，臀部以相同方法烫匀。见图4.1.77。

4. 兜缉底边

缉时将里子翻转，先缉里襟格，对准贴边与里子的对刀，在离开挂面边1cm处起针，缉时里子应略微紧点，同时要防止缉缝拉还，经摆缝处要求面里对齐，缉到离背衩口2cm处止。接着缉门襟格，底边从离背衩口7cm起，到离挂面1cm止。

5. 撩底边，攥摆缝

将下摆贴边按扣倒缝先攥一道明线，再从里侧将贴边放平，后身与面料撩牢，前身与衬头、袋布攥牢，针距约3cm。然后攥摆缝，两侧都由下离上10cm处起，经中腰到袖窿离下10cm处止。注意摆缝里子贴边的坐势要与前身挂面处坐缝一致，采用摆缝下攥上的好处是底边坐势容易掌握。攥摆缝时，里子要放吃势约0.5cm，攥线放松，使之面料平挺，有伸缩性。见图4.1.78。

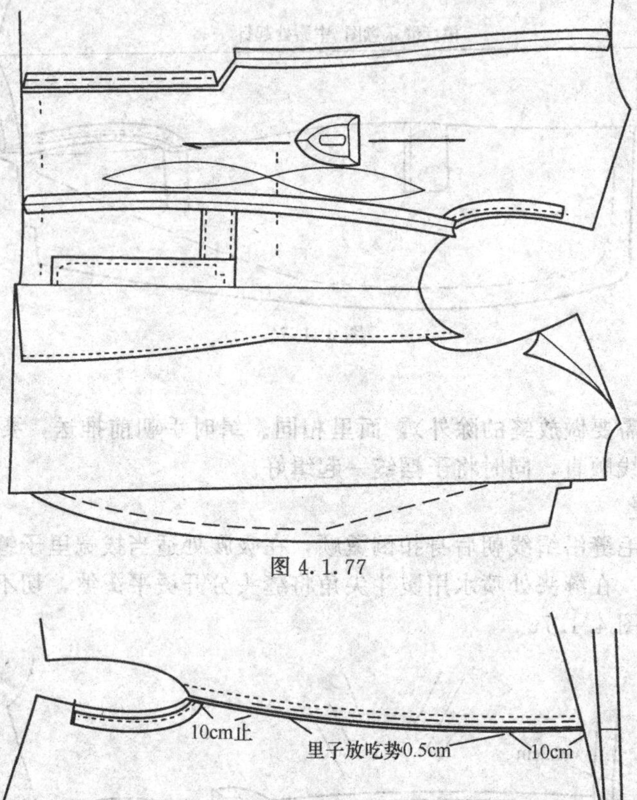

图4.1.77

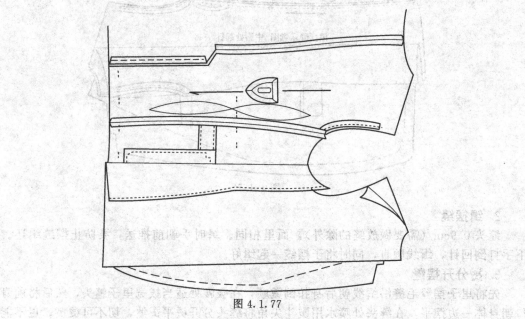

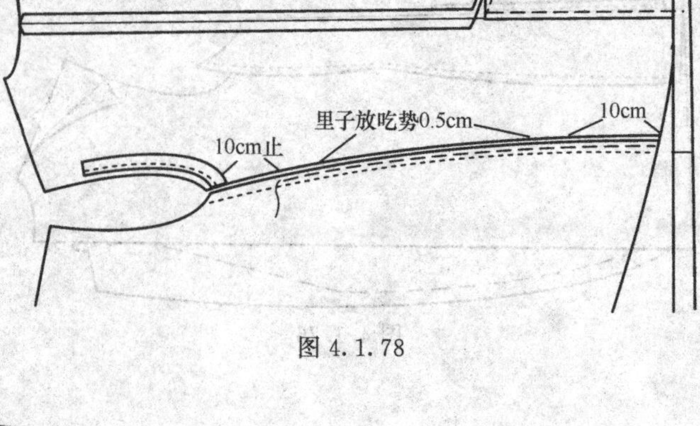

图4.1.78

6. 缉攥背里

缉背缝从上领口缉到背衩口接着将背里缝头朝背衩门襟格坐倒，用攥纱定位，从后领口离下 8cm 至背衩口止。先攥里襟格衩里，上段 10cm 放吃势，下段平；随后在背衩上端用左手指摸准衩口的准确位置，将背里剪斜形眼刀，同时把门襟格衩里按背衩宽留缝头 1cm，其余部分修掉，攥时留后背衩贴边，衩里吃势相同，上端背里扣光攥平，下口贴边横丝拉紧，使衩口向里窝服。见图 4.1.79。

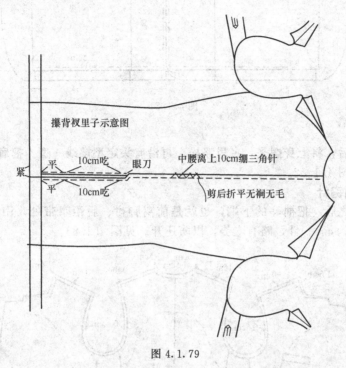

图 4.1.79

以上讲的兜缉底边与撩底边、攥摆缝只是一种工艺操作方法。下面介绍另一种工艺操作方法。

(1) 撩底边：先把已分烫好的摆缝，下摆靠自己身体，反面朝上，贴边宽窄根据线钉记号，扣转盖水布烫平烫煞；然后用本色线沿贴边，从里襟挂面攥倒钩针，每针 2~3cm，攥牢挂面衬布下脚，大袋布处攥牢一层，达大袋布，向后衣片攥针，针脚要细，攥线略松，正面不可露针花。见图 4.1.80。

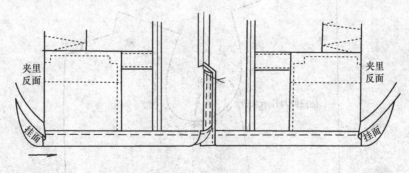

图 4.1.80

(2) 攥摆缝、缉背夹里：攥摆缝时夹里与面子腰节对齐，上下均距 10cm，由底边起针，夹里略松，以免夹里起吊。缉背夹里时将背夹里两侧合拢，缉线 1cm，缉至背衩。

（3）攥夹里贴边（背衩）：把攥好的摆缝翻转，背里朝上坐倒缝，后衩门襟多余部分剪去，留一折缝，背衩上口放眼刀，折平。

底边折进，离面子底边1～1.5cm，内留坐倒缝1cm，由门襟向里襟攥缝。攥背衩与第一种方法相同。见图4.1.81。

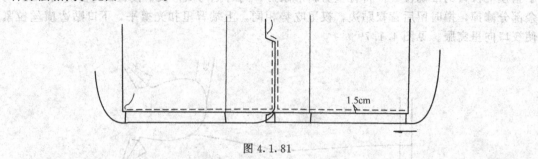

图4.1.81

7. 修夹里

攥好底边之后，将上身摆平，夹里略松，再沿肩头定型攥线一道。把肩缝、领圈、袖窿修齐。放缝数见图4.1.82。

8. 攥袖窿倒钩针

把夹里修净之后，把袖窿的下端，也就是前离胸衬、后距牵带处，用双线攥纱攥倒钩针，沿边0.7～0.8cm一针，略有吃势，以防还开。见图4.1.83。

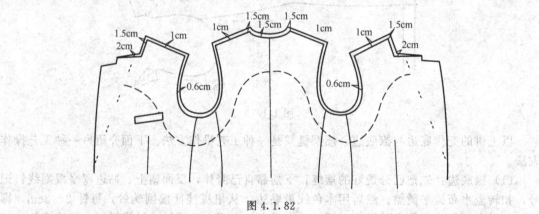

图4.1.82

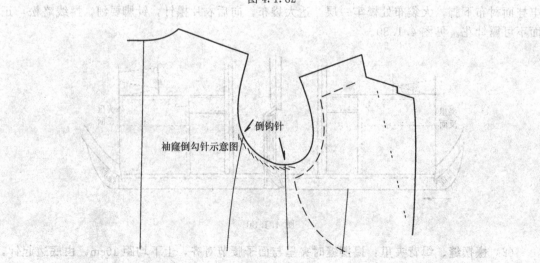

图4.1.83

> 合缉摆缝注意事项：
> (1) 面子摆缝顺直无还，里子要有适当吃势。
> (2) 底边里子平服，背衩顺直无倒翘现象。
> (3) 修剪夹里不能留缝过多或过少。
> (4) 夹里背缝坐势平服，三角针在腰节处。

（十四）缉肩缝

上衣的肩缝虽短，但工艺要求很高，它关系到后领圈的平服、背部的戤势和肩头翘势。因此在攃缉肩缝前，先要归烫背部和检查前后领圈、袖窿的高低进出是否一致，如有偏差应先修改，然后按肩缝弯度要求划顺剪准。

1. 推烫背部

将背部上领口向身体放平，把背里撩起，布料处喷水花，不要喷到背里处，用熨斗把后背丝绺向下推弯烫顺，随后将肩缝归烫，里肩多归外肩少归，两肩略拔翘。见图4.1.84。

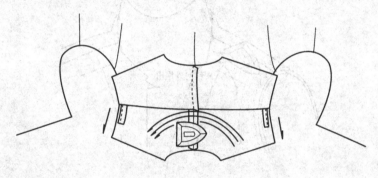

图 4.1.84

2. 攃肩缝

攃肩缝前，把前肩衬头与面料剪准，在直领圈处衬头放出0.3cm，其余全部相同。攃肩缝从里肩起，向外攃，后肩放上面，离领圈1cm处平攃，离领圈1cm后左右6cm放吃势，后肩放层势外肩后肩要松于前肩。见图4.1.85。

3. 缉肩缝

先把肩缝吃势烫匀，后肩放下面，缉缝宽约0.9cm，缉时可将肩缝横丝拉挺，这样斜丝放松，可防止肩缝缉还，要求缉线顺直不可弯曲。

4. 分攃肩缝

先烫分开缝，然后攃肩缝。烫分开缝注意切不可烫还，攃肩缝时，领圈仍按抹大0.6cm要求，后肩缝要依齐衬头，正面放在"铁凳"上，按肩缝攃针。然后翻过来分开肩缝与肩衬，在离领圈1.5cm处起攃倒钩针，同时将肩缝向外肩方向移出0.2cm，为攃领圈时向外捋挺作准备。攃时面料与衬头松紧一致，要沿着缉线，不能离得太远，间距约1cm，肩缝攃线顺直，线结头放在衬头下面。见图4.1.86。

5. 烫肩缝

将肩缝放在袖窿铁凳上，用熨斗把肩缝吃势烫匀，接着攃前身领圈，针法采用倒钩针攃，要求衬松面料紧，针距约0.7cm，在离肩4cm以下平攃，随后攃前肩袖窿，将前肩丝绺向外捋顺捋挺，同时把前袖窿边与衬头攃顺。见图4.1.87。

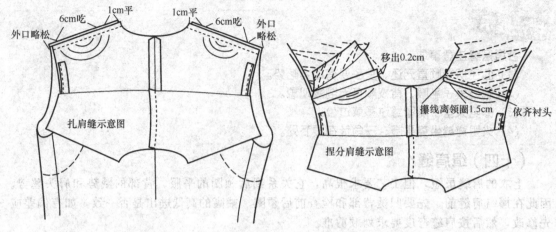

图 4.1.85　　　　　　　　　　　　　图 4.1.86

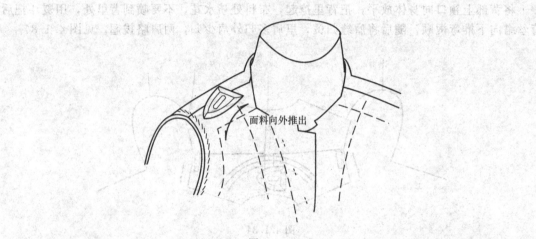

图 4.1.87

> **技法提示**
>
> 缉肩缝的质量要求：
> （1）肩缝顺直，无链形，外肩不可后弯。
> （2）肩缝平服，中间略有凹势，外口呈翘形。
> （3）前肩近领圈处，条子顺直无弯曲现象。

（十五）做领工艺

西装的领头要求领型端正，左右对称，线条优美，平挺饱满，里外窝服。西装的领头在面、里、衬丝绺的弯曲、角度以及归拔等方面都有不同的要求。

西装领头工艺大致可分为以下两种。

一种工艺是将领侧面缉好，先归弯曲，复上领面，包好外口，用攥线攥牢、剪准，用手工将领侧面攥在领圈上，套上衣架，再划领形。在挂面与领面采用串针的操作方法，统称串口。这是老式的工艺，它的操作相对简单些。

另一种工艺是采用领头型板，它的操作规范，造型准确，适宜于成批生产，也适宜于个别生产。我们现在重点介绍后面一种工艺。

1. **根据制图要求，划出样板**
(1) 领衬净样板。
(2) 归拔领侧面（领里）。
(3) 划串口样板。
(4) 划挂面串口样板。见图4.1.88（甲）、（乙）、（丙）、（丁）。

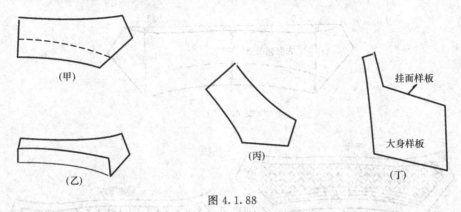

图4.1.88

2. **配领零料**
(1) 裁领衬：按照裁剪制图领型净样板，裁领衬头两层。一层用黑炭衬，后中缝以45°斜丝根据净样，后面放缝头0.7cm，另一层用细布做辅助领衬，根据裁准确的黑炭领衬，后面缩短两个缝头，领脚处窄一个缝头。见图4.1.89。
(2) 裁领里（即领侧面）：按领里样板，三面放出缝头约0.8cm，上口不放缝，丝绺和衬头相同，领里允许拼接，但在拼接时要注意两边丝绺要直丝，不能超过肩缝，也不能叠上领脚线，以减薄厚度。见图4.1.90。

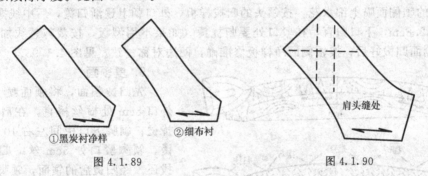

图4.1.89　　　　　　　　　　图4.1.90

(3) 裁领面：用横料；领面料长度按领侧面放大6cm，宽一般为11cm左右，前领外口斜下约1cm。如条格原料，后领中间条格要对准后背条格，前领角条格要对称。见图4.1.91。

3. **攥缉领衬**
先将领衬、领里后中缝拼好，拼时领衬后面拼缝必须呈直角，不可凹进凸出，如果下面凸出，容易产生领脚外露毛病，随后将拼缝分开烫平。接着把细布领衬与黑炭领衬攥上，领脚处细布缩进领衬0.7cm，用攥纱按领脚宽度2.8cm攥一道，针距约3cm。翻转后再与领里攥牢，攥时领里略为拉紧，拼缝对齐，下面留出缝头0.8cm，然后缉领侧面，领脚下口扣转用手工扳牢上。缉领侧面一般有三种做法。
(1) 车缉领脚直线7道，间距0.4cm左右，外领用手工攥针，攥法与攥驳头相同。
(2) 下领脚同样车缉直线，外领车缉斜角形。

(3) 领里上下均绗斜角形, 不绗领脚直线。

以上三种做法各有其特点: 第一种手工攥衬是软中带挺; 第二种做法速度快, 但质地较硬; 第三种做法没有绗出领脚线, 在烫领脚高低时有活动性。以上三种做法, 无论用哪一种做领脚, 都要使领里紧, 领衬松, 有足够的里外匀, 使领头翻驳后有窝势。见图 4.1.92。

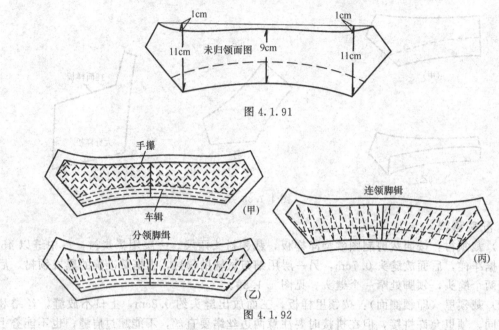

图 4.1.91

图 4.1.92

4. 里拔领里

绗后的领侧面喷上细水花, 按领头的归拔样板, 外口朝上逐渐归烫, 后中线摆直, 烫领脚宽一般 2.8cm, 下口归直, 在驳口处要归拢烫 (如果不用型板, 按裁剪领线加约 4cm 左右)。领侧面归烫好后, 按领侧面净样板修准确, 两边对称一致。见图 4.1.93。

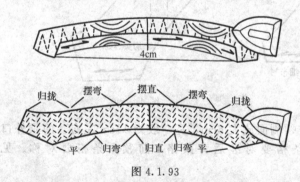

图 4.1.93

5. 复领面

先归烫领面, 将领面喷上细水花, 外口 8cm 处横丝捋直, 在肩缝处要归拢烫; 领脚下口中间左右 10cm 要拔开烫, 领脚驳口处 5cm 丝绺归直, 不能拔还。经归烫后的领面, 领脚处应呈波浪形, 归拔后的领面要冷却后再复。复领面时先将领侧面与领面攥一道定位线, 攥时领面摆出 1.3cm, 攥线沿领边 1cm, 针距 2cm, 在领角处面料放松, 攥到领肩处把领侧面略拉一把, 领中平攥。复领面外口缝包实, 领里攥平, 注意不能把领面正面一起攥牢, 然后按领脚驳口线, 把领面同领里按领脚的里外匀势, 用长约 4cm 的斜针攥牢。用熨斗把外领攥领缝烫顺。见图 4.1.94。

6. 划串口

(1) 先将烫好后的领头用领串口小样板摆齐外口领角, 卡住领面宽度。将缝头撩起, 在反面划上粉印, 两侧要求相同。见图 4.1.95。

(2) 划大身领圈, 采用白色细粉, 领圈小样板摆准, 肩缝和驳口眼刀划上粉印。

(3)划挂面串口。将挂面横丝回直摆平,外口对准驳口眼刀,同样卡住挂面,撩起划反面。见图4.1.96。

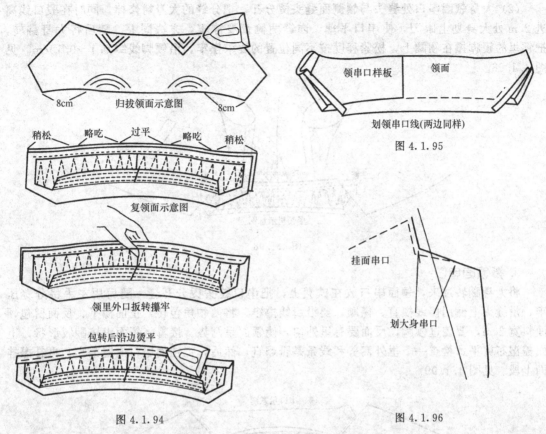

图4.1.95

图4.1.94

图4.1.96

7. 绱领串口

先绱领面串口,对齐上下粉印,对准缺嘴眼刀,缝头按粉印绱,绱线必须顺直,上下松紧一致,挂面里侧绱倒回针,缺嘴处不绱倒回针,留线头打结。见图4.1.97。随后绱领里,绱时同样要对准粉印,驳口处领里略拉紧,使领头翻转后有里外匀窝势。

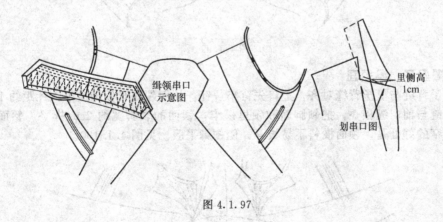

图4.1.97

8. 分串口、撩内缝

先把串口外端绱线,线头引入反面打结;再将串口缝头留1cm修齐,在串口里侧离驳口线2cm处划上眼刀,使挂面平服。大身领圈缝头一般有两种做法。

(1) 大身领圈缝头向领里坐倒，操作时下垫铁凳，缝头用攥纱以斜针撩牢领衬，针距1cm左右。

(2) 大身领圈串口处缝头与领侧面缝头烫分开，把分缝的大身衬修掉，同时在驳口线离进2cm处大身划上眼刀，使串口平薄，内缝两侧都要撩牢，方法同上。随后将大身翻转，把领里的领脚攥在领圈上，松紧程度按不同位置的要求攥牢，沿领脚线缉0.1～0.15cm。见图4.1.98。

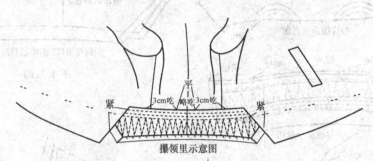

图4.1.98

9. 攥领面串口

将大身翻转过来，领面串口放在铁凳上，把串口缝头烫分开缝。随后用左手将分缝压牢，沿缝头上侧用攥线攥直、攥顺，要沿缉线攥牢。将两领角包转，正面攥平，反面留包领面料宽2cm，要盖过领脚，反面要有里外匀，使领面呈窝势。接着将领面串按翻驳形状，上面盖湿布烫平。检查一下里外窝势和线条是否顺直，然后，把挂面串口内缝攥牢，再补攥挂面上段。见图4.1.99。

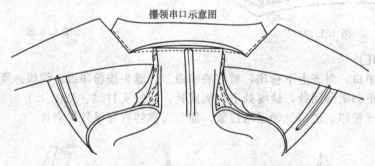

图4.1.99

10. 攥里子、缲领面

将面子背缝与里子背缝对齐，上口先钉牢一针，挂面领圈与领脚攥牢，针距约1cm。随后将后肩缝与前肩缝相叠，把领脚面和领里攥牢，领面的领脚宽约2cm攥平。领面领脚比领里领脚窄的好处是，领面横料不易拔开，使领脚平服。见图4.1.100。

图4.1.100

> **技法提示**
>
> 领头的工艺要求:
> (1) 领形窝口, 领圈平服, 领驳角对称一致。
> (2) 领面宽松适宜, 外口无牵紧和宽松现象。
> (3) 领串口、领面丝绺顺直, 里外平薄。
> (4) 驳口与领脚口顺直, 无弯曲。

(十六) 装袖工艺

装袖工艺是上衣的重要环节。要做到袖子弯势自然, 前后以大袋居中, 袖山头饱满, 前圆后登, 吃势圆顺, 穿着时举提自如。

1. 划装袖对档

装袖前核对装袖对档线钉和肩宽尺寸, 同时注意两小肩长短要一致。先将袖窿肩头划顺, 袖标线对准袖窿的袖标对档①; 袖山头对准肩缝②; 背高线和袖子背缝作基本参考目标③。见图 4.1.101。

2. 攥袖子

一般先攥门襟格, 对准对档线钉, 从袖窿前侧的袖子袖标线起针, 沿袖山头边沿 0.6cm, 以大身袖窿缝头划顺的粉印为准, 攥线针距约 0.6cm。袖子攥好后翻转, 用左手托起肩头, 检查装袖是否符合要求:

(1) 袖子前后是否适当, 一般款式以大袋盖一半为标准。
(2) 袖子山头吃势是否圆顺。
(3) 前后戤势是否适当。
(4) 袖子山头横、直丝绺是否顺直, 有无波褶现象。
(5) 看袖底小袖片处是否涌起, 或有牵吊现象。

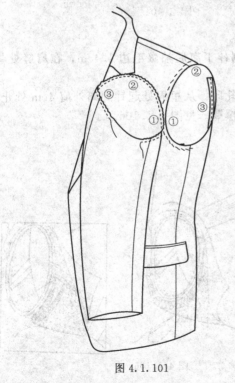

图 4.1.101

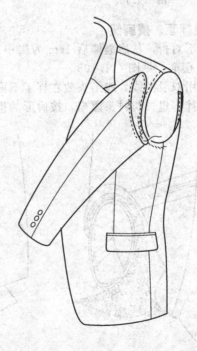

图 4.1.102

经检查后，认为符合质量要求，再攥里襟格袖子，方法与门襟格相同。然后用右手将袖子托起，以同样的方法检查一遍，以免两袖不对称。见图4.1.102、图4.1.103。

3. 缉袖窿

先将装袖吃势放在铁凳上轧匀，然后上线缉线，缝头0.7cm，即沿攥线里侧缉圆顺，门襟格从袖底缝起针，里襟格从袖背缝起针，兜转一周。缉时用镊子钳压牢袖圈，顺着袖窿弯势朝前推送，不使袖窿吃势移动。缉到肩缝再过渡到后袖窿处，分别垫长4cm，宽2.5cm的斜衬料两层，放在后袖窿上端肩缝处与前身衬头叠上0.5cm，接着一周缉转，作过桥衬。然后把袖山头吃势处喷水轧烫。见图4.1.104。

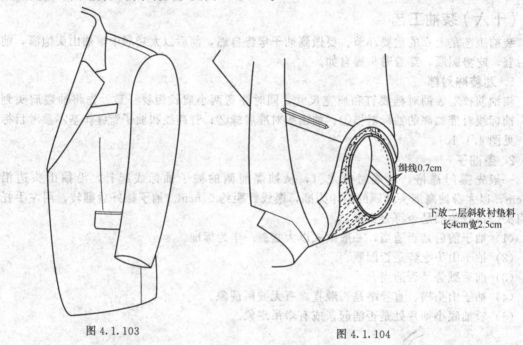

图4.1.103　　　　　图4.1.104

4. 装袢丁、攥肩缝

将袢丁对折，从肩缝偏后1cm为居中点，后侧袢丁离后袖窿毛边1.4cm，在肩缝处垫出1.5cm摆准，见图4.1.105。

接着用双股攥线，线结头放在袢丁下面以防有轧印，从里肩处起针到离外肩4cm处止，把前半只袢丁里口与衬头攥牢，按肩形的里外窝势攥顺。见图4.1.106。

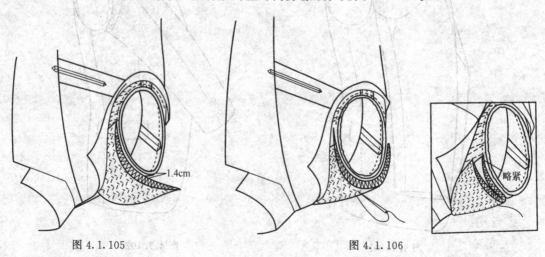

图4.1.105　　　　　图4.1.106

5. 攥袢丁外口

将大身掉头，下摆朝身体，袢丁放在下面，袖窿放上面，袢丁保持窝势，针距约1.5cm。攥线放平，不宜太紧，攥时不能捏实袢丁，捏实会影响肩头翘势，正面袖窿还会出现针花痕迹。接着攥袖窿里子，先攥前身里子，攥缝约0.8cm，近肩缝处里子适当紧些，保持里外匀；下袖窿处里子略吃，攥时把面料捋挺，同时把后肩缝里子放些层势攥好；然后修剪外口袢丁和袖窿里子，袢丁中间上口留出1cm，呈斜坡状。见图4.1.107。

6. 装绒布条

绒布条剪斜丝，长约25cm，宽3cm，针距可略长些，约1cm，随后用手工攥上，把绒布条转压倒1.6cm，从袖标处起针到后袖缝以下，沿袖山头缉线外侧攥牢，攥时绒布条略微紧些，呈里外匀，翻到正面时，袖子山头外观饱满圆顺（也可在装袖子之后车缉绒布条）。见图4.1.108。

7. 缲袖里

先将袖里山头用手指将缝头折倒缝一圈，缝头约0.8cm，使袖山头产生自然吃势，然后用攥纱把袖里按面子对档攥圆顺。然后将袖子翻到正面，用手托起检查袖里是否吊住，再用本色线缲袖里，从下袖窿起缲转一周，缲时要盖没袖窿缉线，缲暗针，针距0.3cm，不可将面子缲牢。见图4.1.109。

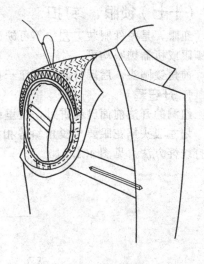

图4.1.107

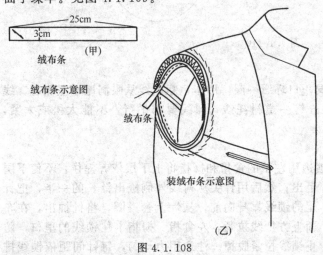

图4.1.108

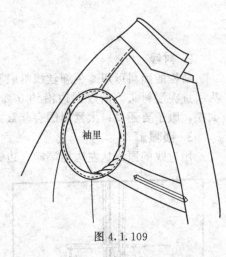

图4.1.109

技法提示

装袖子总的质量要求：
（1）装袖前后适当，袖口盖过半只袋口，两只袖子对称。
（2）袖山头吃势均匀适当，外形饱满圆顺。
（3）袖子前圆后登，提抻自如，袖山处无横链现象。
（4）袖底处无臃肿和牵吊现象。
（5）袖窿和肩头里子松紧适宜。

（十七）锁眼、钉扣

纽眼，是整件服装工艺中不可缺少的组成部分。按照穿着习惯，男装的眼位在左面，手工锁眼或机器锁眼均可。

前角锁圆头，后尾打套结，纽子扣牢以后，纽位平服。

1. 开纽洞

纽洞的开法前面已经讲过，这里讲一下插花的要求。

划左驳头插花眼要与驳角斜势相符，一般离上约 3.5cm，进约 1.5cm，眼大约 1.6cm，用打线袢方法。见图 4.1.110。

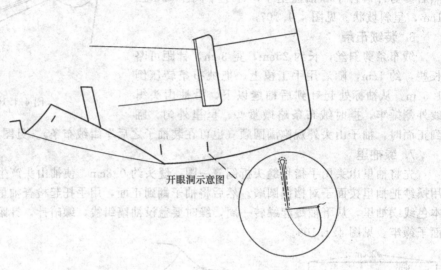

开眼洞示意图

图 4.1.110

2. 衬线

疏松的面料可用本色细丝线沿眼洞止口环缉一圈，用本色粗丝线从眼洞尾端左侧起，线头引进夹层衬头，沿眼洞边沿约 0.2cm 钉一道衬托线，衬线要求平行，不能太松或太紧，太松，眼子要还口；太紧周围会起皱。

3. 锁眼洞

用衬线的原线从左边尾端起，边锁边用左手的食指和拇指将上下层依齐捏住，不使下层毛出；然后用针尖从衬线外侧戳出针长的一半，把针尾的锁线靠身向前，从针上套一圈，将针抽出，在布面上方把线拉紧，左食指、拇指卡住锁线的里口，防止锁线拉紧脱掉。注意用力均匀，每针间距依锁线排紧，针针密锁。见图 4.1.111。

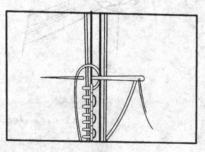

图 4.1.111

4. 锁圆头收眼尾

在圆头处拉线应随着圆头方向不断变化，向布面上方拉线，使眼角圆顺。圆头锁完后，调头锁另一半眼子，用同样手势锁到尾端。将针穿入左边第一针锁线圈套住，针头向下戳至收尾的最后面的针脚内穿针，使眼尾锁线闭紧在一起；然后按原线以上下针左右挑缝封二圈，再将针线在正面套穿六针左右，成为套结，套结的中间要带牢底脚，在起首边将针戳向反面打结，把线结头引进夹层内。见图 4.1.112。

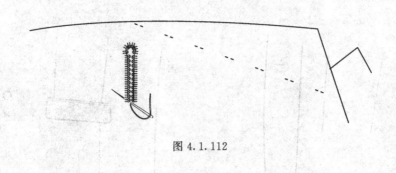

图 4.1.112

5. 钉扣

钉纽扣套线也有两种手法。一种是"十字形",另一种是"＝号形"。"十字形"钉纽线因叠出钮面,容易磨断,所以这里采用"＝号形"的线形钉纽。

(1) 划钉纽印:钉纽前,首先在里襟格用细粉或铅笔划上钉纽标记,高低进出的位置要与眼子相符。

(2) 双线钉纽见图 4.1.113。

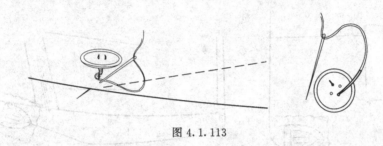

图 4.1.113

缝针由标记中心起,线结头要套住缝线,也可以先套住纽扣,再在标记中要挑穿底层,吃针的集中点要小,再把线穿过纽孔,依此循环三次(三上三下)。钉纽线不宜抽实,应留绕纽脚高低的余量,纽脚长短可按面料薄厚作相应增减,绕脚线必须从纽子眼中过一圈,从上到下绕纽脚,上下平均绕实。再把针穿向反面打结,线结头引入夹层中间,再打止针结,以增加牢度。里襟上纽扣在反面钉轧纽,绕脚长约 2.5cm。

(十八)熨烫步骤

这里仅就主要部位说明如下。

(1) 先烫上衣里子,底边坐缝要求顺直。见图 4.1.114。

(2) 烫上衣底边、摆衩、摆缝。将衣服翻转,下垫布馒头,上盖干、湿两层水布,如底边还口,水布可拉紧。先两层水布一起烫,随后将湿水布拿掉,再在干水布上熨烫,把潮气熨掉。

如果背衩略有搅,在中腰以下拉一把;如略有豁,背衩处归拢烫。底边和摆衩及摆缝用同样方法。见图 4.1.115。

(3) 烫前身止口。将止口朝身体一面放顺直,先用水布轻烫一下,水布拿掉后,看止口丝绺是否整齐,如果稍有弯曲,用手摸顺,再盖干水布,把水分烫干。见图 4.1.116。

(4) 其它部位的熨烫说明。

① 烫袋:下垫布馒头,上盖水布喷水烫后,再盖干布烫煞,一定要按体型与归拔要求整烫。

② 烫肩头:下垫铁凳,上盖水布,喷水烫平,再盖干布烫。袖山处不能烫瘪,在肩缝轻轻一烫,从袖山边沿轧烫,保持袖山圆顺,切不可把肩头翘势烫瘪。

③ 烫驳领:烫驳头内侧,将大身轻轻翻转,上盖水布喷水;下端按正面驳头烫印。上端烫到离肩缝 3cm 处。熨烫后水布不要拿掉,用铁凳在驳口线压一压,使之既薄又煞。随后再把水分烫干。见图 4.1.117。

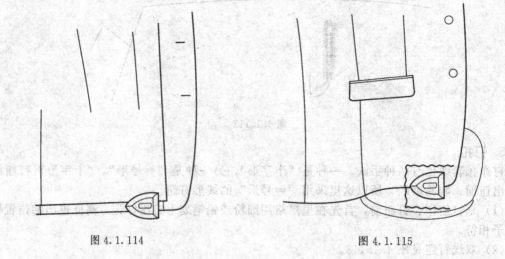

图 4.1.114　　　　　　　图 4.1.115

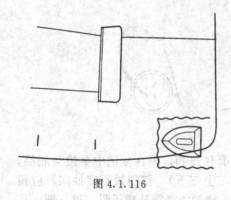
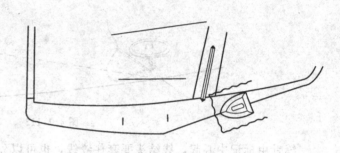

图 4.1.116　　　　　　　图 4.1.117

翻过来，把领外口喷水烫煞，烫干。见图 4.1.118。

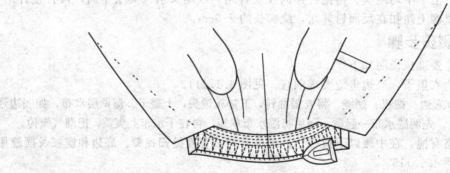

图 4.1.118

技法提示

怎样熨烫西装才能符合质量要求：
（1）外观整洁，胸部饱满，腰吸自然。
（2）袖山头圆顺，前圆后登，背衩顺直，背部平服。
（3）领形窝服，驳头挺拔，左右对称。
（4）止口平薄，丝绺顺直，下摆轮廓圆顺。

(十九)总的质量要求

(1) 规格正确。裁做好的西装衣长、胸围、肩阔、袖长、袖口的尺寸符合人体测量的尺寸;各部位尺寸误差要在允许范围以内。

(2) 衣领、驳头部位,造型正确,领头平服,丝绺正直,串口顺直;驳头窝服,贴身,平挺,外口顺直,宽窄一致,两格左右对称,条格一致,缺嘴两格相同,高低一致。

(3) 前身平挺饱满,腰吸两格一致,丝绺顺直,面、里、衬服帖。胸省顺直,高低一致。门里襟止口顺直,平挺,窝服,长短一致不外吐。大袋高低一致,左右对称,袋盖宽窄一致,窝服不翻翘。

(4) 后背的背缝顺直,平整,松势方登,无松紧现象,条格对称,后衩平薄,不搅不豁。

(5) 肩头部位前后平挺,肩缝中直,不链不紧,肩头略有翘势。

(6) 袖子圆顺,吃势均匀,两袖前后适宜,袖口平整,大小一致,两袖左右对称。

(7) 整烫后的西装要求各部位平服,无极光,无水花,整洁美观。

第二节 西装背心(马甲)缝制工艺

一、外形概述与外形图

单排扣,五粒纽,四开袋,前身面料用西装面料,后背面料用西装的里子料,用长短腰带。见图4.2.1。

 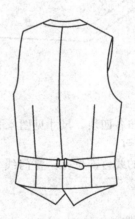

图 4.2.1

二、成品假定规格

cm

| 衣长 | 52 | 胸围 | 96 | 肩宽 | 36 |

三、缝制工艺

1. 面料部件

挂面料两块,袋片料四块,后过肩料一块。见图4.2.2。

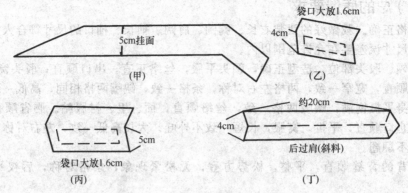

图 4.2.2

2. 衬料

袋口衬四块,大身衬两块,过肩衬一块(袋口衬可采用直料漂布双层对折)。见图 4.2.3。

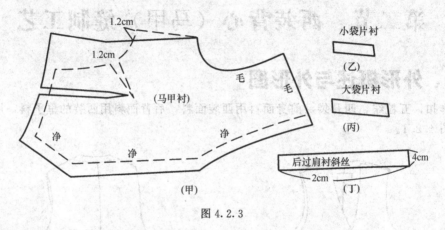

图 4.2.3

3. 袋布

大小袋布各四块,尺寸见图 4.2.4。

4. 打线钉

前衣片的线钉部位有:叠门线、眼位线、腰节线、省缝线、底边线、领边线、袋位线等。见图 4.2.5。

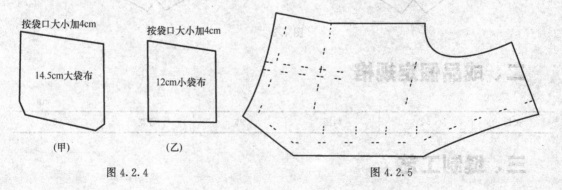

图 4.2.4　　　　　　　　　图 4.2.5

5. 缉省缝

前身省缝以面料薄厚为准,厚料省缝中间剪开,两侧用手工环针,防止毛出;薄型料按省位线钉折倒,下垫本色料一块。缉时,上下松紧一致,缉线尖顺,省尖留线头 4cm 打结。接着缉衬头省,衬省剪开采用上下叠缝缉。

6. 分省、推门

分烫省缝与西装相同。推门熨斗从肩头开始向下熨烫,领口处适当归拢,腰节处直接向止口方向处外推 0.3cm,在省缝后侧腰节处适当归拢;然后将衣片掉头,在袖窿下部位作归拢烫。见图 4.2.6。

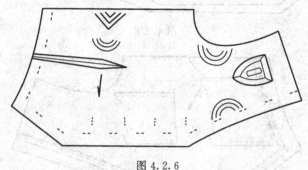

图 4.2.6

7. 复衬

衬头,一般采用单层粗布衬,软柔有些弹性即可。复衬时将衬头喷水花烫平,胸部胖势不能烫散,经冷却后复衬。将衬面位置摆准,第一根攥线从上肩居中离下 5cm 起针,经胸部,沿省缝前侧到离下摆 2cm 止;中腰直丝向门里襟止口推直,省面拔挺,下段平复,把省缝内侧与衬布攥牢。第二根攥线从上肩里侧起,经下领沿止口离进约 3cm 到转角折向第一根攥线,与第一根攥线相交。第三根攥线由上肩里侧向上肩外侧沿袖窿边至后胸部沿衬布转折到离下摆止口 2cm 处。见图 4.2.7。

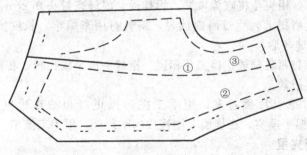

图 4.2.7

8. 做袋

做袋及做袋片工艺与西装的手巾袋基本相同,只是马甲的袋口两边封可以车缉。

9. 劈衬

先将面衬烫平,胸部烫弹,两格前身对合,左右线钉对称,按大身领边线钉和底边线钉把衬布剪准,在门里襟止口沿外口劈掉衬布 0.8cm,袖窿处沿外口劈掉衬布 1cm。见图 4.2.8。

10. 敷牵带

将牵带缩水烫平,用手工敷。毛边宽 1.1cm,光边宽 0.9cm,光边敷里侧,从离肩头下 7cm 沿衬头平齐,毛边牵带外口抽丝 0.3cm,毛丝敷出衬头外面 0.2cm,敷时前领口 V 字形部位牵带略带紧,止口部位平敷,下段尖处略紧,下摆平敷离尖角约 5cm 处牵带内侧拔弯,敷到开衩上口,接着把敷好的牵带吃势烫匀,把前身烫窝,袋位袋布烫平。见图 4.2.9。

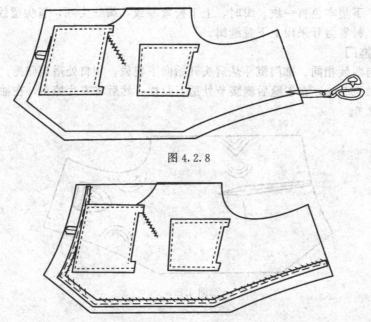

图 4.2.8

图 4.2.9

11. 复挂面

先将挂面按门襟止口尖角弯势修剪一致，然后开始复挂面。将大身放下面，挂面放上面，从前领下口线钉外侧起针，针距约 2cm。上段平复，中腰略松，转角至下口挂面处略紧，同时把前身里子在袖窿边用撩线撩上。

12. 缉挂面

(1) 挂面复好后，用熨斗将吃势烫好，缉挂面，缝缝离衬头 0.2cm，缉线顺直，吃势不能移动；同时把后过肩拼上，后过肩内放衬，斜料衬用车缉牢，长度按横领大加 1cm，宽 2cm，边口拔还，接缝弯形。

(2) 分烫止口，与西装分烫止口工艺相同。把缝头按缉线扣转，在袖窿凹势处缝头上划眼刀 6 只，以免内缝吊紧。

(3) 翻撩止口时把衣片翻过来，用手工把门襟止口和袖窿边里口坐倒撩针，针距 0.6cm。止口里外匀撩平撩实，在挂面上端连接的贴外处，用手工撩牢。

13. 撩挂面、撬夹里

先把挂面与衬头撩牢，接着把袖窿边的里子沿止口缩进 0.2cm 撩平，然后撬领边挂面，领边留出 1.3cm，挂面留出 3.5cm，底边留 1.3cm，撬时中腰处里子略放松。见图 4.2.10、图 4.2.11。

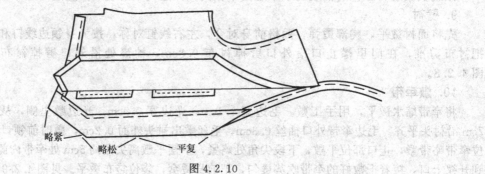

略紧　略松　平复

图 4.2.10

14. 做后背

绷背缝由上向下,两层松紧一致,缝头约0.8cm,接着收省缝,中腰处省大0.9cm,下摆0.7cm,把缝子烫倒。后背坐缝向左坐倒,省缝向两侧坐倒,背里省缝向中间坐倒,即面里缝子交叉坐倒。然后将后背与前身修齐,即肩缝宽和摆缝长处,按前身长和宽各放出0.9cm,背里长比背面短0.6cm,肩宽至后袖窿劈窄0.3cm,其余部分与背面相同。绷底边袖窿缝头宽约0.7cm,绷好后,将缝头按绷线扣转烫平。在袖窿弯势处打眼刀三只,烫时背里止口坐进0.2cm,下摆坐进0.3cm。

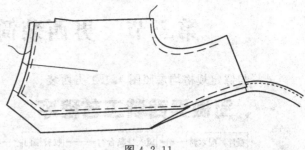

图 4.2.11

(1) 合绷摆缝、肩头:将前衣片放在后背夹里中间,用手工撬一道后车绷,下摆在摆衩口绷转,底边前后对齐,后身比前底边长些也可;绷肩缝时上下层松紧一致,缝头宽0.8cm,绷线顺直。

(2) 翻背里、撬后领:将背里从后领口翻转,缝子向后背坐倒,后领口留领边宽1cm,用手工撬顺;接着用暗线缲牢,针距约0.3cm。见图4.2.12。

15. 划眼位、锁眼

门襟格开横眼五只,眼位高低按线钉,进出离止口约1.3cm,眼洞大按纽扣直径大加0.1cm,同时把两摆缝开衩处打套结。

16. 整烫、钉纽

(1) 整烫的程序是袋、胸、省缝、摆缝、领圈、门襟底边、袖窿、后衣面和前身夹里。

(2) 钉纽:纽位与眼位并齐,钉纽位在叠门线上,钉法同裤子钉纽操作一样方法。

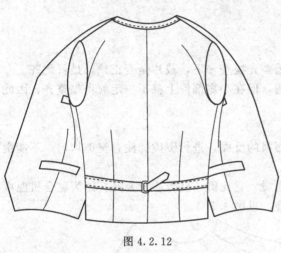

图 4.2.12

技法提示

怎样开好马甲的四只口袋:
(1) 领口圆顺,平服,不豁不抽紧。
(2) 前身止口顺直,不搅不豁。
(3) 袋口角度准确,不松不紧,四角方正。袋口位上下前后误差不大于0.4cm;条格对准,面里衬服帖,丝绺顺直。胸省顺直,高低前后一致,误差不大于0.4cm,纽扣位置与纽眼一致,眼子整齐、纽扣绕脚高低基本一致。
(4) 袖窿平服,不还,不抽紧,左右袖圆基本一致。
(5) 肩头平服,丝绺顺直,小肩两格基本一致。
(6) 后背部平服,背缝顺直,无歪曲现象。
(7) 摆衩高低一致,套结美观,误差不大于0.5cm。
(8) 腰省顺直,高低前后一致,误差不大于0.4cm。
(9) 各部位整烫平服,整洁美观。

第三节 男西装简做缝制工艺

外形与假定规格均参照图4.1.1男西装。

一、简做男西装工艺程序

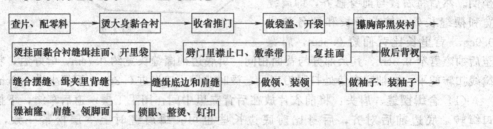

二、缝制工艺

1. 检查裁片、配碎料

不管是流水操作还是单件制做，未做之前要先检查一下，裁片是否正确，是否配齐。

零料一般在大身衣片上，基本上是正确的，但在小零部件上就不一定剪得很整齐，因此像袋盖大小、窄宽、丝绺等等，要配准确。

2. 烫大身黏合衬

（1）一般的黏合衬是无纺粒子衬，贴在面料的反面，进行熨烫。注意熨烫均匀，不能由于熨烫不匀而起孔，造成黏合衬与面料脱胶。

（2）工厂成批生产，都是由黏合机进行压烫。它比熨斗烫得质量要好，因为黏合机温度均匀，面积大，一次能烫数片，工作效果很高。见图4.3.1。

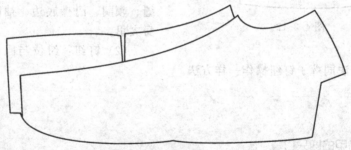

图4.3.1

（3）收省、推门。

① 剪省：先将袋省剪开，再剪开胸省。见图4.3.2。

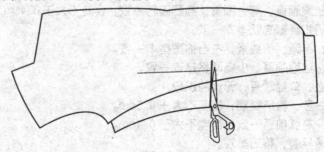

图4.3.2

② 缉省：缉省的方法和精做男西装相同。见图4.3.3。

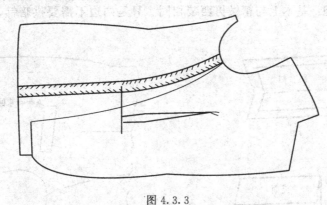

图4.3.3

③ 分省和归拔：一边分省缝，一边归拔；先将袋口用黏合衬烫上，然后与西装一样归拔。见图4.3.4。

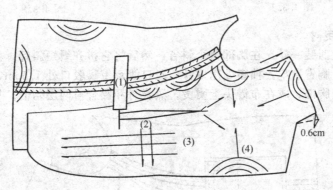

图4.3.4

3. 做袋盖、开袋

(1) 做袋盖。黏合衬烫在袋盖夹里上，再将袋盖夹里按净线划准，袋盖面料和夹里正面叠合，按黏合衬缉线，下层面子两角略吃势。同时撇掉两角留0.3cm，把袋盖翻出之后烫成里外匀。基本上与精做西装袋盖相同。见图4.3.5。

(2) 做嵌线。将嵌线丝绺修直，烫上黏合衬。

(3) 袋口位置，按袋省（肚省）定位。袋口大按袋盖放大0.2cm，左右对称。开袋和精做男西装相同。见图4.3.6。

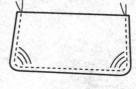

图4.3.5

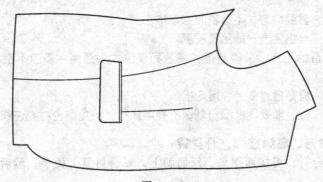

图4.3.6

（4）做手巾袋。①做手巾袋片：用黏合衬烫在手巾袋片面料反面，然后折转。见图4.3.7。②开手巾袋：基本上与精做男西装相同。只是两边不需要拱暗针，而是车缉，来回针。见图4.3.8。

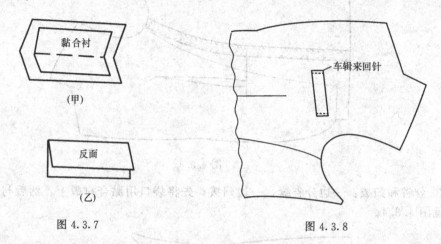

图4.3.7　　　　　　　　　　　　图4.3.8

4. 攥胸部黑炭衬

黑炭衬与精做西装一样，在胸部剪个斜省，然后将它拼齐缉短斜针，烫平。驳口处缉上一条牵带布，再将胸省滴牢，袖窿处用攥针。驳口线牵带离驳口处1.5cm，用面料本色线攥针，把黑炭衬攥上胸部，放在布馒头上熨烫，黑炭衬和黏合衬两层匀恰。见图4.3.9。

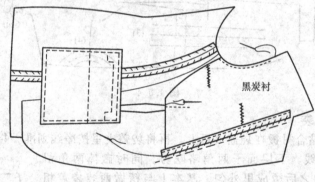

图4.3.9

技法提示

黏合衬胸衬要注意事项：

（1）烫衬平服，温度均匀，不可脱胶或起皱。

（2）归拔门里襟丝绺要直，胸部烫圆顺。

（3）袋嵌线按直绺正齐，袋角方正，袋盖和袋口大小适当；袋口不空，不起皱；手巾袋按丝绺，四角方正。

（4）黑炭衬和大身黏合衬复合，攥匀恰。

（5）凡是对称部位，都要用细画粉划，不要用线钉，以免黏合衬胶住线钉拔不掉。

5. 烫挂面黏合衬、缝缉挂面、开里袋

（1）烫挂面黏合衬：将挂面摆平、反面朝上，黏合衬复上烫平，然后在胸部处归拢。见图4.3.10。

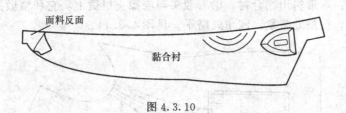

图 4.3.10

(2) 缝缉挂面：将配准的夹里和挂面正面重合，夹里放在上层，沿边缉线 0.8cm，夹里在胸部略吃，然后摊平熨烫。见图 4.3.11。

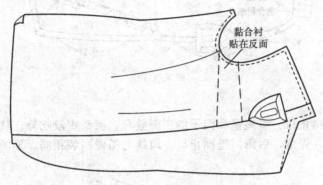

图 4.3.11

(3) 开里袋：在里袋位置烫上黏合衬，单嵌线袋与西裤单嵌线的后袋操作方法基本相同。

本色料单嵌线也贴上黏合衬，折转烫平。装嵌线时，将嵌线与里袋布一起缉上。按袋口大缉来回针，注意单嵌线的宽窄，不可有弯曲。缉外袋布之前，先将袋垫布与袋布上口缉牢，然后按袋嵌线宽，装缉外袋布。袋口缉线并齐。见图 4.3.12。

袋布缉上之后，把袋口剪开，两边放三角眼刀。把里外两片袋布复进。袋角拉平，并将袋口两角塞进，用封口缉线回针打牢。然后把袋布兜缉一周。左袋上口钉好商标。见图 4.3.13。

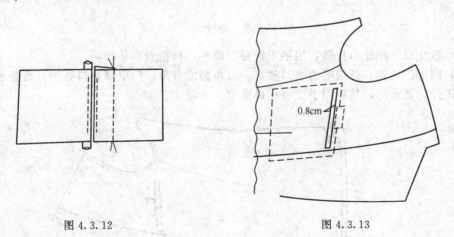

图 4.3.12　　　　　　　　图 4.3.13

6. 劈门里襟止口、敷牵带

(1) 劈门里襟止口：和精做西装基本相同，也就是把门里襟止口不顺直的部位按丝缕劈顺直。

（2）敷牵带：牵带料用黏合衬，沿着驳头与前襟止口烫上，它和精做西装要求一样，在驳头中间拉紧些，前襟处略紧，圆角处略平。见图 4.3.14。

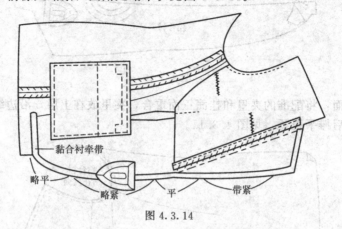

图 4.3.14

7. 复挂面

（1）缝合门里襟止口：将夹里和面子的正面叠合，驳头中段吃势，腰节下摆平，腰角处略紧，把位置摆准，先攥，后缉门里襟止口。缉线与精做西装相同。见图 4.3.15。

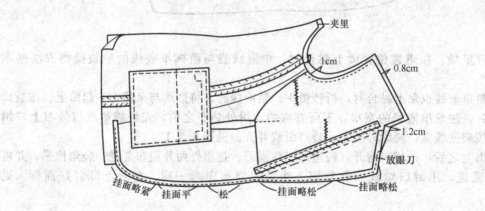

图 4.3.15

（2）板止口：把止口折转，用手工针攥牢烫平，与精做西装相同。

（3）翻攥门里襟：把缺嘴的眼刀放好，驳角翻成方角，门里襟止口翻平，再盖水布喷水烫平，里外匀要准确，然后用手工将止口攥牢。见图 4.3.16。

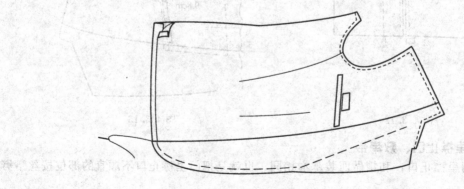

图 4.3.16

(4)攥挂面:将挂面摆平,沿挂面面子拼缝攥一道,然后再把夹里撩起,里缝与衬攥几针即可;同时把大小袋布攥布几针。它与精做西装大致相同。

复挂面时要注意事项:
(1)烫挂面黏合衬时要注意里归,外口丝绺烫成弧形。
(2)做里袋,袋角方正,不可歪斜、毛出或打裥。
(3)前襟止口要劈顺直,敷牵带按要求,左右襟两边要一致。
(4)复挂面,驳头丝绺要顺直,挂面吃势要适当。

8. 做后背衩

(1)烫贴背衩定型和缉背缝:背衩门里襟烫贴上黏合衬,然后按规定缝头缉背缝,上下打来回针,与精做西装基本要求相同。见图4.3.17。

(2)归拔后背与分烫背缝:将袖窿黏合衬的牵带烫贴定型。归拔与分烫背缝与精做西装相同。见图4.3.18、图4.3.19。

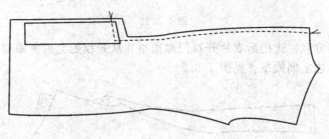

图4.3.17

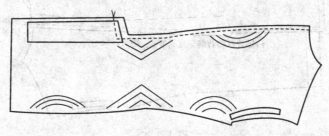

图4.3.18

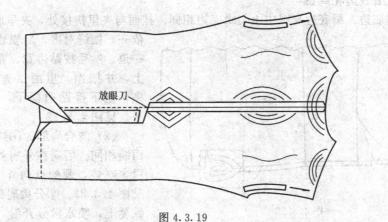

图4.3.19

9. 缝合摆缝、缉夹里背缝

(1) 缝合摆缝：要求与精做西装相同。

(2) 缉夹里背缝：摆缝缝好后摆平，夹里与面子的长短都剪准，然后准备缉夹里的背缝。

缉夹里背缝有两种方式，我们选择简单的一种介绍。先缉背衩里襟边，由开衩处缉至底边贴边，放一眼刀，翻转烫平。见图4.3.20。

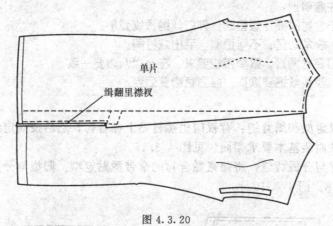

图4.3.20

缉背缝至门襟背衩：先把后衣片开衩门襟边单片从开衩处至后领圈劈准，然后把两层后衣片夹里合缉，单边坐倒烫平。见图4.3.21。

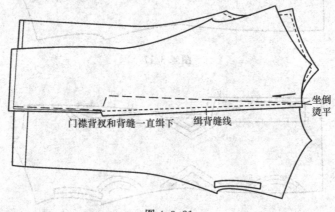

图4.3.21

10. 缝缉底边和肩缝

(1) 缉底边。缉底边与呢中山装缉底边相同。挂面与夹里拼接处，夹里底边和大身贴边依齐，摆缝对准，后衩也要对准，缝合一道。然后按贴边宽，在摆缝的底边折上，并把面、里两层重叠滴针。翻过来，把下摆贴边摆平，盖水布喷水烫平。见图4.3.22。

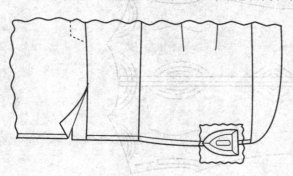

图4.3.22

(2) 缝合肩缝。①缝合肩缝与精做西装相同。后肩在外肩处略松，里肩中段多吃势，颈侧点向外1.5cm处平缉。见图4.3.23。②分烫肩缝：把肩缝垫在铁凳上，喷水烫分开缝，但不可把肩头拉长。然后把黑炭衬复在肩头分缝上,肩缝正面捋平,攥在肩缝上;再翻过来把肩缝与黑炭衬一起攥好。这工艺与精做西装相同的。

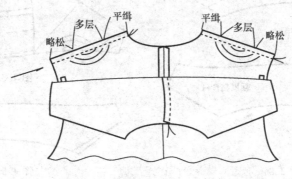

图 4.3.23

（3）攥肩头和领圈。把前肩推向外肩捋平,并将肩头至袖隆攥一道。

将领圈推向领口捋平,攥一道。与精做西装相同。

技法提示

怎样做好简做西装的背衩:
(1) 后背开衩平服,不可扳紧起吊,背缝夹里略放松,有一定坐势。
(2) 背衩里襟外口夹里不可外吐。
(3) 后背归拔都按精做西装要求。
(4) 缉底边,面、里合,摆缝对准,夹里坐势平直。挂面和后衩,既有坐势又要摆平。
(5) 缝合肩头缝与精做男西装一样,只是简做不用先攥肩缝后缉线,可以直接上车缉缝。因此,它的难度很大。

11. 做领、装领

（1）做领。①烫衬:这里说明一下,精做西装外领口是领面包领里,简做西装是不需要用包领工艺的,外口用车缉。因此,领里外口要放一缝头,领面不放包转的余缝。配好领面和领里后,将黏合衬按领面、领里的大小配剪好。然后,把黏合衬分别烫在领里和领面上。在烫领衬时,领里朝上熨烫,领里略带紧,使其成为里外匀。熨烫领面时,领面的反面与衬贴上,朝领黏合衬熨烫。见图 4.3.24。②缉领里衬:因为是用黏合衬的,所以一般不需要缉领里衬。③归拔领里、领面:黏合衬与领里、领面烫好后,接着归拔。归拔领面和领里的部位及要求与精做领相同。④缉领:把领面放在下层,正面朝上。领里放在上层,上下正面重叠。面子领角处略吃,前段少吃,后段（即后领中心段）基本平行。缉缝 0.6cm。如果面料是条子的话,两边对称,缉后劈缝整齐见图 4.3.25。⑤翻烫领头:把领角翻转,把领里止口坐进烫平。然后修准领头领串口,因为串口是错开的,所以驳头提高多少,它的领串口也应该剪掉多少。见图 4.3.26。

（2）装领。①装领:装领的操作和要求基本与精做西装相同,只是它要从左边挂面与领面串口开始,缉至缺嘴,再由缺嘴眼刀转过来,领里串口与大身串口合缉。也可将后领圈和领脚（底领）一起缉,然后放眼刀,凡是扳牢的部位,都要放眼刀。②烫缝:当领头装好之后,下垫铁凳,刷水烫平。在分烫挂面的串口时,切不可烫还。③攥领:分缝烫后,里朝上,将领摆平,下垫布馒头,把领里复上,领脚处攥平;然后把面子领脚折转,盖住里,注意面、里错开,缲暗针攥平。见图 4.3.27、图 4.3.28。

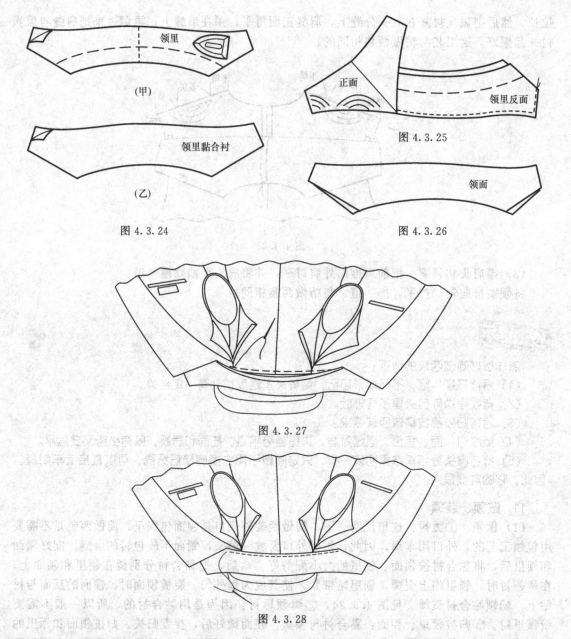

图 4.3.24 图 4.3.26

图 4.3.27

图 4.3.28

12. 做袖、装袖

(1) 做袖。①袖子的归拔与精做西装袖子的归拔相同。但袖口衬要用黏合衬烫上，宽约 4~5cm。②缉前袖缝，面子、夹里的前袖缝同时缉好，面子喷水烫分开缝，夹里烫坐倒缝。③缉袖口。夹里和面子的袖口处摊平，正面重叠朝夹里合缉，袖夹里坐势 1cm。并把袖口贴边宽翻上，盖水布烫平。④缉后袖缝。袖口对准，小袖片朝上，在假袖衩处转弯缉成凸形。喷水分烫后袖缝。袖衩至袖夹里后缝烫坐倒缝。见图 4.3.29。⑤滴袖口、固定袖围、抽袖山头。按袖口贴边宽翻上，在前后袖缝的袖口处滴一二针，以防贴边外吐。把袖子翻出，在袖口上 10cm 左右烫平，再将袖围攥一周。它与精做西装相同。袖山吃势，也与精做西装相同。

(2) 装袖子。简做西装与精做西装的装袖子、装垫肩、攥夹里肩缝和袖窿的要求都是相同的，这里不重复。

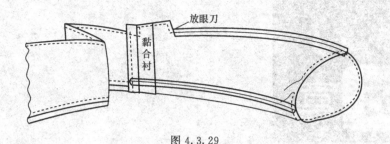

图 4.3.29

13. 缲袖窿、夹里肩缝，领脚面

关于缲袖窿、肩缝、领脚面，门里襟止口拱针，在精做西装中都已说过，这里不重复。需要说明的是有些简做西装不用手工缲，如夹里肩缝、袖窿，当摆缝合缉之后，就把夹里与面子对准剪齐，先合面子肩缝，再合夹里的肩缝；袖子装上之后，夹里的袖子也同时装上。垫肩也是车钉的，然后面子的袖山和夹里袖山拉拢，用线撩牢。把整件衣服从后领翻出、摆平，压领封口从正面缉线。这样就减少了手工缝针，当然这要在较好地掌握了车缝技术的基础上才能完成。

14. 锁眼、整烫、钉扣

锁眼和钉扣，与精做西装相同。在整烫中，有些部位要精烫，有些部位可以简烫。如胸部、驳领、门里襟止口等，要求仔细烫，在烫的过程中，还要按归拔要求整烫。而有些部位是边做边烫的，因此可以减少整烫。

做好黏合衬的西装领头：
(1) 烫黏合衬领面与领面要平服，不能起壳，丝绺不能歪斜。
(2) 兜缉领头，丝绺两边对称，两边领角长短一致。
(3) 劈串口要准确。
(4) 装领，串口平服，缺嘴要对准，无毛出，无打裥，左右两边驳领对称，驳头服帖。
(5) 装袖圆顺，前后居中，两袖对称，前圆后登。

三、简做西装总的质量要求

(1) 外表美观：穿在身上，门里襟丝绺顺直，驳头服帖，驳头不还，不吊起。
(2) 腰吸合身：虽然是简做，但腰吸一定要合身，不起链形，后背不吊不沉。
(3) 前圆后登：装袖前圆顺后方登。所谓方登，就是松势要足，肩头略有翘势，肩头不链不压。
(4) 里外一致：简做西装由于减少了手工工艺。大部分是直接车缉，里外一致更为重要。

第五章

倒掼领男呢料大衣缝制工艺

图 5.1.1

一、外形概述与外形图

倒掼领，圆袖，袖上三粒样纽，左右斜插袋，单搭门，止口缉明线，三粒明纽，后背开衩。见图 5.1.1。

二、成品假定规格

cm

衣 长	胸 围	肩 宽	袖 长	袖 口	后领宽
110	120	49	63	20	9.5

三、男呢大衣工艺程序

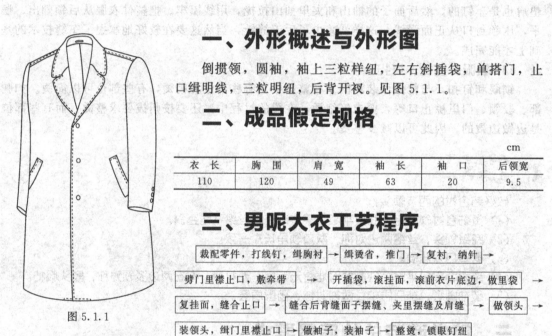

四、缝制工艺

（一）裁配零料，打线钉，配、缉、烫大衣衬

（1）裁配零部件。配零部件，应以面料大身裁片为依据；在裁配时，要考虑到放缝头和里外匀因素，注意部位的直横丝缕，在部件上作好经向标记。

面料配裁的有：领面，领侧面，斜袋爿，挂面连耳朵片。

里料配裁的有：除大身夹里外，还有大袋垫头，里袋垫头，里袋嵌线，牵带布，吊袢带，里袋小袋盖，滚条，袢丁盖布等。

（2）打线钉。前衣片：搭门线，驳口线，眼子档，斜袋位，腰节线，底边，袖窿对档，摆缝放缝。见图 5.1.2。后衣片：底边，腰节线，后袖窿对档，后衩线。见图 5.1.3。袖子（大袖片）：袖口贴边，偏袖线，袖山头对档，袖标对档及放缝。见图 5.1.4。袖子（小袖片）：袖口贴边，袖肘，后袖缝等。见图 5.1.5。

（3）配、缉、烫大身衬。衬头是衬托男呢大衣所不可缺少的主要部件，它在服装中起骨架的作用。一副好的衬头,能使大衣自然挺括、饱满。大衣常用的衬头原料大致有三种:①粗布衬(软衬);②驳头衬(黑炭衬);③漂布牵带布。做大衣衬时先缉胸衬,驳口衬。大身衬和驳头衬,分别垫上漂布牵带并齐缉好,来回缉短斜针,拼缉时两边不可有松有紧。见图5.1.6。

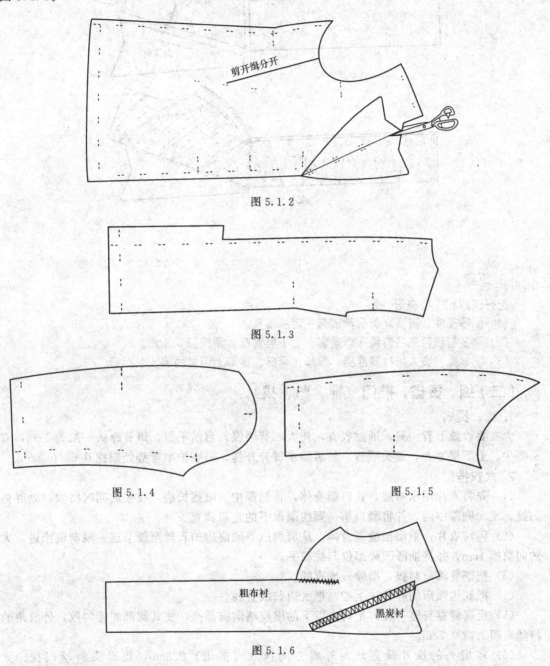

图5.1.2

图5.1.3

图5.1.4　　　　　　　　　　图5.1.5

图5.1.6

　　胸衬缉好后烫平,并将胸部的其它衬与大身衬和西装衬布一起配好,缉好。胸部与下脚衬缉后,再将盖驳衬(白漂布)在直线一边盖过挺胸衬0.7cm,略拉紧些缉牢。见图5.1.7(甲)、(乙)。

　　衬头缉好后要喷水磨烫,要用高温熨斗用力磨烫,使上下衬布平挺,加强胸部弹性,使胸部定型。熨烫工艺基本与西装衬头相同。

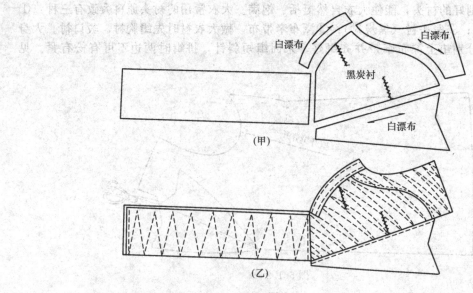

图 5.1.7

配好碎料和大衣夹里：
（1）配零部件，既要准确又需放有一定的缝头。
（2）需要打线钉的各位置不可遗漏，上下层对准，留线钉 0.3cm。
（3）配、缉、烫大身衬要准确，圆顺，平挺，基本上与男西装要求相同。

（二）缉、烫省，推门（推、归、拔）

1. 缉、烫省

大衣要收腋下省一只，通过收省，使大衣有腰吸，自然平服。缉省缝头一般为 1cm，省头要尖，上下层平齐，缝头顺直，然后刷水烫分开缝，再在袖窿弯势处归拢 0.6～0.8cm。

2. 大衣推门

（1）先将衣片用水喷湿，止口朝身体，将胸部中间略拔长些，在拔的同时将驳口处胖势归拢，推向胸部中间，并将驳口第一颗纽眼以下的止口烫直。

（2）调转衣片：袖窿摆缝靠身体，从肩角以下袖窿边的直丝至腰节这一段向前推进，大约向前推 1cm，并将袖窿凹势部位归拢归平。

（3）把摆缝腰节略拔，摆缝烫成直线。

（4）把底边弧形的胖势往上推，把底边归成直线。

（5）反肩缝靠身体一边，把肩头以下的横丝略向胸部推，使其胸部胖势匀散，外肩角的斜丝略朝上拔 0.7cm。

（6）将肩头的横开领直丝向外肩方向抹大（推出）0.6cm，将肩头斜丝归拢。见图 5.1.8。

3. 归拔后背

（1）把后背缝上段胖势归拢，肩胛骨部位拔长。

（2）后袖窿从外肩角以下 4cm 至腰节这段直丝归拢，在归的同时，将胖势朝中间推使肩胛骨处有胖势，同时把肩押骨处直丝略拔长。

(3) 摆缝腰节处适当拔开，臀部略归拢，使摆缝方登。

(4) 将背缝的横丝向下推，把两边的肩角向上拎，在肩胛骨部位，把直丝略拔长。见图 5.1.9。

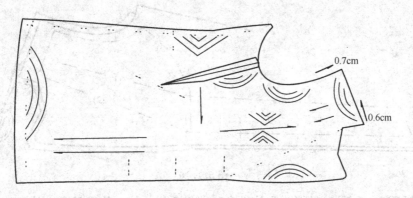

图 5.1.8

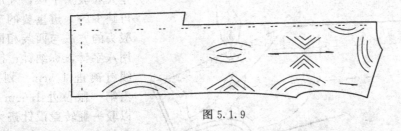

图 5.1.9

> **技法提示**
>
> 大衣也要归拔：
> (1) 缉省顺直，烫省平服。
> (2) 前后衣片归拔位置正确。
> (3) 归拔时一定要根据体形，横直丝绺位置正确。

（三）复衬，驳头纳针（纳驳头）

(1) 在复衬前，要把归拔好的前身衣片和烫好的大身衬头冷却，使原料定型。先复里襟格将里襟格的前衣片叠合在大身衬上，把前衣片驳口线离开挺胸衬 1.5cm 左右处摆准，中腰直丝绺要向止口方向外推出 0.3cm 左右，以防止口回缩，再将大身的门里襟止口与衬头止口对齐摆平。

① 在胸衬与面子大身叠合后，先攥中间一道，自胸部上端肩头下 10cm 处起针，直线攥至底边上 5cm 止；攥时按推门要求，将横直丝摆正。

② 第二道，从离肩头 10cm 处起，沿驳口线（离驳口线 2cm）至第一眼位外口偏进 4cm，直线攥至底边上 5cm 止。

③ 第三道，从肩头下 10cm 处起攥，经袖窿边沿的胸部腋下至腰节。

复好里襟格，将衬头修剪准确（可按大身面料修剪），在横开领处按面子放出 0.6cm，直开领处放出 0.6cm，驳头外口暂不需剪；然后把门里襟两格的衬头两层对合，驳头第一粒眼位以下止口、肩缝与面子平齐，修剪好衬头，再复门襟格衬头。复门襟格衬头的方法与复里襟格相同。两格衬复好后，再检查一下，如果不准，要及时修改。复衬方法可参考西装复衬。见图 5.1.10。

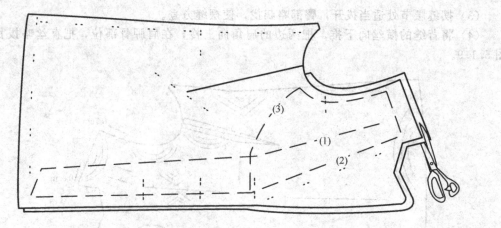

图 5.1.10

(2) 纳驳头（纳针）：纳驳头是使衬头和面料合为一体，使之具有自然驳转的性能，这是大衣驳头平服，外形美观不可缺少的一道重要的工序。纳驳头的方法与西装相同，针脚用八字针，称纳针；按照驳口线钉离进1.5cm，划上粉印，由第一眼位处1.5cm左右起，以驳头翻转盖没针迹为宜，下端略斜，先用手工拱暗针一道，然后翻过来，离拱线0.8cm处，上下来回攥针，每针间距1cm，每行间距0.8cm，攥针要暗，正面不可露线，并

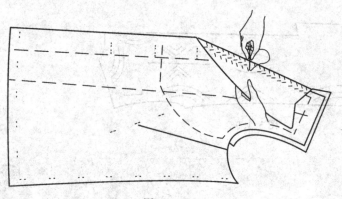

图 5.1.11

要攥出里外匀窝势。见图5.1.11。

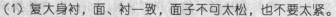

复衬的质量要求：
(1) 复大身衬，面、衬一致，面子不可太松，也不要太紧。
(2) 丝绺方正，先里襟后门襟，两格长短相同。
(3) 纳驳头（纳针），拱针时正齐，正面针迹要细。
(4) 纳针（八字针）要正齐，大身驳头略紧，衬头略松，使之有自然窝势。

（四）劈门里襟止口，敷牵带

(1) 劈门里襟止口。先将纳好的驳头下垫布馒头，用熨斗烫平，按驳头式样，先劈里襟格，用样板校准驳口和缺嘴大小进出，放好眼刀，划好驳头和止口净样，放1cm做缝，然后剪掉驳头和止口衬头1cm，缝头不可有大有小或弯曲。再把底边衬按线钉剪齐，在门里襟两格底边止口角处劈掉三角，以防下角翻出时太硬或止口外露。

(2) 敷牵带。牵带一般采用缩水后光边羽纱或白漂布，用手工攥上，牵带宽窄一般为1.5cm左右；敷牵带时要分段掌握松紧程度，在领串口和驳角处平敷，在驳头外口的中段要带紧些，在第一粒眼位处里口牵带放眼刀，驳头止口外紧里松，翻驳自然，牵带沿衬头在驳头处敷出0.2cm，驳头以下止口线敷出0.3cm，底边牵带齐线钉敷直至衬宽止。敷驳口线牵带，按驳口线离进0.5cm，从直开领敷起，敷至第一眼位上5cm，驳口牵带要略敷紧，牵带的外口和里口都用手工撩牢。见图5.1.12。

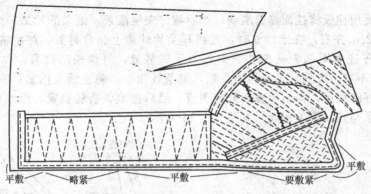

图5.1.12

技法提示

劈门里襟止口有何要求：
(1) 劈大身门里襟止口要求顺直。
(2) 劈门里襟止口衬，进出适当，劈顺直。
(3) 敷牵带松紧分档，严格掌握松紧度。

（五）开插袋，滚挂面和滚前衣片底边，做里袋

1. 开插袋

斜插袋，是大衣袋中的一种式样，这种插袋既方便，又实用，袋口倾斜直角，袋口的轮廓方正。

(1) 配裁零部件：零部件主要是袋爿面料和袋口衬头。袋爿面料用样板裁直料，袋口的衬头采用软衬做，衬头的大小按袋口的规格，宽4cm，袋口的角度要裁剪准确。

(2) 粘烫袋口衬、烫袋爿：粘袋口衬是把修剪准确的衬头用薄浆糊粘在袋爿的布料上，烫干；上下两侧扣光，接着扣袋爿的连口，袋角扣缝要顺直，轮廓方正。

(3) 缉袋止口：将扣烫好的袋盖放平，沿边缉止口一道，止口的缉线宽1cm，然后修剪袋爿夹里1cm，拼上袋布一层。

(4) 缉袋口：按大身袋位对准线钉，先缉袋口，后缉袋垫布，中间开缝宽1cm，袋垫布的缉线下口要短0.6cm，使袋口有斜势。

(5) 开、分烫袋口：按缉线的中间剪开，两头剪三角眼刀，开三角眼刀不能剪断缉线，防止袋角毛出；然后刷水分烫，分烫时要垫上木头驼背工具，反面朝上，缝头分开烫煞，将袋布摆平，分开缝处缉

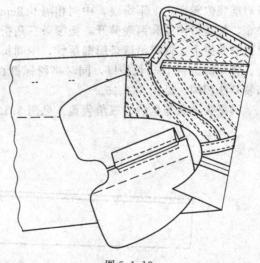

图5.1.13

暗线一道，同时把袋垫布分缝压好，再兜缉袋布。

（6）封袋口：封袋口时，首先封里口一道，并缉好来回针。然后用手工在边沿拱一道，拱针针脚不可外露，袋口外观要饱满挺括。见图 5.1.13。

2. 滚挂面

滚挂面先要用样板将挂面修剪准确，然后裁好夹里滚条，滚条的丝绺一般采用 45°横斜丝，滚条宽窄 2cm 左右；在滚挂面时，先将耳朵片处烫上黏合衬头，然后将滚条放在挂面的里口上，平齐挂面缉 0.3cm 缝头，缉到上下凹势处，将滚条略拉紧，以免凹势处滚条"还开"起链或不实；缉到耳朵片的圆头处，滚条放松些，防止圆头抽紧；缉到平面时，滚条略带紧，缉好暗线后，将不顺直的修剪顺直，然后把滚条折转捻紧，沿滚条缉好漏落针。前衣片底边滚条与挂面滚条相同。见图 5.1.14（甲）、（乙）。

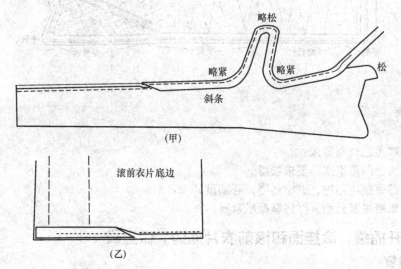

图 5.1.14

3. 做里袋

大衣里袋一般采用滚嵌，在开里袋前，先要把挂面归拔一下，归拔挂面的作用是使挂面外口的直丝与大身的驳头形状一样，它与西装工艺基本相同。里袋滚条采用夹里斜料两块，长 18cm，宽 5cm。袋垫布料长 17cm，宽 5cm，横直料均可；袋布四块。缉嵌线时将里袋滚条对准袋位粉印，上下缉线，中间相隔 0.8cm，两端缉成三角形，再把长的一块袋布缉上袋垫布，把袋口中间和两端剪开，把滚条三角折转捻紧，先缉压下缉线，沿滚条缉漏落针。同时把袋布拼上，同样沿滚条缉漏落针，中间折三角，塞进中间，把缉好袋垫布的一块袋布压上。袋角两边封 1cm 长袋口，同时将商标钉在门襟格的里袋中部。滚嵌里袋基本上与呢中山装开法相同。见图 5.1.15。

缉里袋滚条与里袋的三角袋盖。见图 5.1.16。

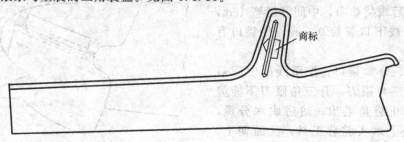

图 5.1.15

技法提示

做大衣两格插袋质量要求:
(1) 挺袋袋口方正,两格袋片大小宽窄一致。
(2) 开袋位置按线钉,袋布平服,缉线宽窄一致。
(3) 插袋袋角无打裥,无毛出。
(4) 耳朵片的滚条宽 0.3~0.4cm,既要顺直,又要宽窄一致、松紧适宜,不可吊紧,不可起皱。
(5) 里袋口滚条宽窄一致,两格袋口大小相同,里袋三角折角清晰,无毛出,封角长度相同,里袋三角适中。商标方正。

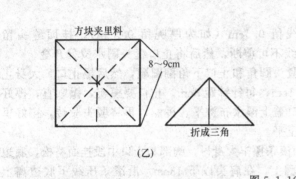
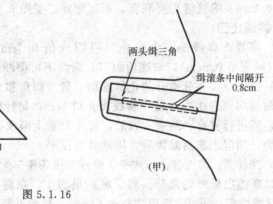

图 5.1.16

(六) 复挂面、缝合止口

1. 复挂面

(1) 复挂面之前,先把敷好牵带的止口烫平,驳头按线钉烫转,再把挂面滚条、里袋滚平,然后开始复攥挂面;将挂面放在大衣上,将串口线提高 2cm,驳头外口按止口放出 1cm,驳头第一粒眼位以下止口与挂面平齐摆准,然后沿驳口的烫迹,从上端起平攥至第一眼位;从第一眼位起到第三眼位以下这段挂面要放适当吃势,以防挂面吊紧,下段挂面止口和底边角略复紧些,使止口下角有窝势,攥线离进外口 2~3cm。

(2) 复驳头挂面:从下端眼位开始,按驳头形状的窝势,挂面不宽不紧,平复至上端离驳角 5cm 左右,开始放吃势,在转角点要将挂面捏拢空攥一针,以固定吃势,在横丝处略放吃势到驳角眼刀止,驳角不可起翘。见图 5.1.17。

(3) 复夹里:将夹里叠合在挂面上,上端按面子肩缝伸出 1cm,肩角袖窿外口处伸出 1cm,袖窿底部弧线提高 1cm,摆缝并齐,多余的夹里均可放在挂面沿滚条内;然后沿滚条用手工把夹里攥牢,攥时夹里在挂面的中段放上适当的吃势,以防里口吊紧,把夹里与挂面沿滚

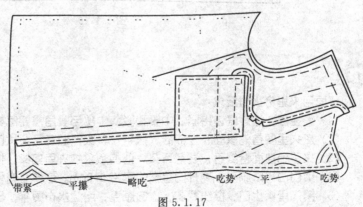

图 5.1.17

第五章 倒掼领男呢料大衣缝制工艺

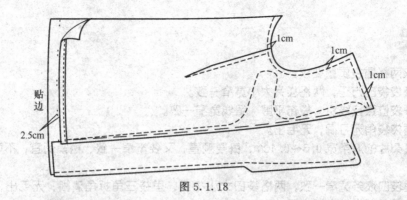

图 5.1.18

条缉漏落针一道。缉里止口之前,先将挂面的吃势用熨斗烫匀,再合缉止口内线,缉线要离开牵带 0.2cm。缉线缝头要顺直,不可弯曲。见图 5.1.18。

2. 翻缉止口

(1) 修剪止口缝头。大身止口沿缉线留 0.5cm(如为厚呢留 0.3cm),挂面缝头留 0.7cm(厚呢留 0.5cm),缺嘴剪眼刀,缉线不可剪断,然后将止口缝头刷水烫分开缝。

(2) 攥止口。将分烫开的止口翻出,驳头圆角和止口下角翻圆顺,然后攥止口。大身止口朝挂面方向捻进 0.2cm 攥,攥线离止口 1cm,每针针距 3cm,止口要攥实,攥顺直,攥好止口后,要进行复合,两格一致后,将止口盖上湿水布烫平、烫煞,再将驳头驳转,攥好里外匀吃势,用湿水布高温烫后,用铁凳底压平。

(3) 攥挂面。将大身止口放平,沿挂面滚条攥牢大身衬,胸部和止口中段挂面略松,底边挂面里口要攥出里外匀窝势。然后将夹里翻上,在肩头以下 13cm,沿滚条压线下底边离上 5cm 用双线攥牢,同时,把里袋布摆平攥牢,然后再翻到正面修剪夹里,在袖窿底按面子放出 0.7cm,横开领处放出 1.5cm(直开领处离上 2cm),其余按面子修剪准确。见图 5.1.19。

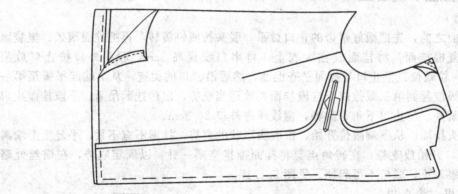

图 5.1.19

技法提示

挂面与夹里合拢时要求:
(1) 复挂面要注意底边带紧,中腰和驳头中部与驳角需要吃势。
(2) 复夹里要首先以面子为依据,摆平;其次挂面在耳朵片以下略放松,以防夹里起吊。
(3) 夹里与挂面合缉后,要把耳朵片处的多余的夹里剪掉,把里袋摆平。
(4) 缉口口里缝顺直,离开门里襟的牵带 0.2cm。这样可有里外匀坐势。
(5) 攥门里襟止口,攥线要实,止口顺直,用湿水布烫平,压薄,门里襟长短相同。

（七）缝缉后背缝、面子摆缝、夹里摆缝及肩缝

1. 缝缉后背缝

后背正面合拢，后背攀线按线钉，由后直领至背衩，背衩敷牵带参照男式西装背衩。再按线钉缉线一道，里层裁剩0.8cm，缉明止口1cm，由后领圈缉至底边，并盖湿水布烫煞。

2. 缝合面、里摆缝

（1）先把夹里摆缝按面子摆平，劈准缝头大小，然后把面子后背摆缝叠合在前身摆缝上，按照前身摆缝线钉，平齐用手工攀；先缉摆缝内线，缝头0.8cm，如厚呢料缉好摆缝要先烫好，再驳缉明线止口1cm，驳缉明线止口时，为了顺直，注意不可移动，以免起链形。

（2）烫摆缝。将驳缉好明止口线的摆缝，盖上湿水布熨烫，烫时可以归拢，但不可拔开；缉摆缝夹里，缝头向后身夹里坐倒，沿缉线扣进0.2cm，烫底边按底边线钉扣倒，贴边盖水布烫煞。

（3）缉后身底边夹里。先把夹里的背缝缉好，按底边对准面、里、摆缝、背缝，然后再缉底边夹里，并将缉好的底边按底边的扣印扳牢。将摆缝的面子和夹里上下两端对准，底边离上10cm，袖窿离下10cm，用双线按对档攀好攀线，攀线要略放松，防止摆缝吊紧；然后将大身翻出，把夹里的背缝坐势烫平，并对齐面子背缝攀好，攀时背中里子放些吃势，防止背里吊紧，攀至背衩为止。把背衩夹里以衩长为准剪好，不可剪得太高或太低。攀后背衩夹里时上段放些吃势，以免后衩夹里吊紧。大衣攀背衩和西装攀背衩相同，下摆底边可以用手工攀缲。

（4）劈袖窿、肩头夹里、攀袖窿。将面料朝上扣夹里放平，修劈之前沿袖窿离进10cm攀牢夹里，然后夹里按面子修劈，前肩缝和袖窿处按面料放出0.6cm，后肩缝及后领圈按面子各放1.5cm。攀袖窿，并将袖窿弧线划顺，沿着袖窿粉即攀倒钩针，针距约0.6cm，然后将袖窿垫上布馒头，盖湿布烫圆，烫顺。

（5）敷袖窿牵带。敷袖窿牵带的目的是防止袖窿还口，袖窿牵带一般采用羽纱或白漂布，宽1cm；先将牵带缩水烫平，光边敷外口，从后肩下5cm起到后袖窿摆缝止。牵带沿袖窿缝头攀圆顺，并用倒钩针，针距约0.7cm。见图5.1.20。

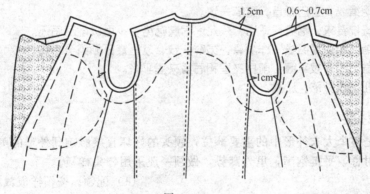

图5.1.20

3. 缝合肩缝

大衣肩缝工艺要求很高，它关系到后领脚的平服，背部的戤势和肩头的翘势，因此在攀缉肩缝前，先要归烫背部，检查前后领圈，袖窿高低进出是否一致，如有出入，应先作修正，然后用粉线划顺剪准，方可进行操作。

（1）归烫背部：将背部上领口朝自身一边放平，反背里揭开，面料处喷上水花，用熨斗

把后背丝绺向下推烫，随后再归烫肩缝。

（2）攥肩缝：攥前先把肩衬头与面料剪准，在直开领处，衬头放出0.5cm，攥肩缝从里肩开始向外攥，后肩放上面，离领圈1cm处平攥，离领圈2~7cm处的外肩处略有吃势。

（3）缉压肩缝：先把肩缝吃势向下推落烫匀，后肩放下面，缉缝大0.8cm，肩缝不可拉还。要求缉线顺直，不可弯曲；然后压缉明线止口1cm。

（4）攥面衬肩缝：从里肩缝攥向外肩，离领圈2cm起针，攥时面料与衬头松紧要一致，针距约2cm。

（5）烫肩缝攥领圈：将肩缝放在铁凳上，把肩缝的吃势烫匀，接着攥前身领圈，针法采用倒钩针，要求衬头松，面料紧，针距约0.7cm，在离肩4cm以下要求平攥，随后攥前身袖窿，按肩缝顺直要求，将前肩丝绺向外捋顺捋挺，同时把前袖窿边与衬头攥顺。并要盖湿布烫平，烫死。见图5.1.21。

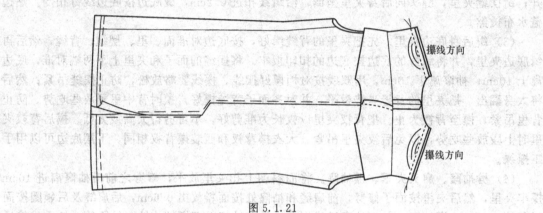

图5.1.21

> **技法提示**
>
> 缝合摆、肩缝要求如下。
> （1）缝合摆缝和压缉摆缝明缉时，不可将摆缝拉还。
> （2）摆缝明缉线，止口顺直，宽窄一致。
> （3）后肩缝按要求，吃势要适当，只允许后肩吃势，不可以前吃后还。
> （4）背缝缉线和摆缝缉线一样顺直，宽窄一致，从后直开领缉至底边。
> （5）后身底边和开衩平服，前身夹里和后身夹里平齐。
> （6）底边和背衩烫煞，压平。

（八）做领头

大衣领头是整个大衣外形中的重要部位，领头的好坏直接影响到外形的美观。它要求领形端正，左右对称，平挺饱满，里外窝势，做领一般采用领头样板。

（1）配领。按领样板裁好领衬、领面，先做领侧面（领里），将领侧面、领衬拼好刷水烫分开缝，把领衬攥在领侧面上，同时划好领脚线粉印和外领宽粉印；缉领脚，来回针7道，间距0.5cm；然后将领侧面翻至正面，缉外领口要拎起捋带紧挺缉，每条间隔2cm，缉三角针要有里外匀窝势，

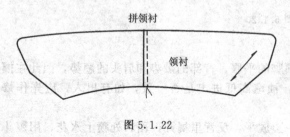

图5.1.22

缉时要注意，不可缉出外领宽粉印，以防劈领侧面时，把缉线剪断。见图5.1.22。

（2）归拔领侧面（领里）。归拔领头，以少拔多归为宜，归拔前先将领侧面喷湿，把领头凹势略拔成直形，然后在中段里口领肩部位归拢，把领脚扣倒烫煞，并将外口略拔开些，里口再归拢，使领头成圆形。在归拔的同时要两边驳口长短一致，然后用领头样板划好剪准，两边的领角长短，领头宽窄，串口的长短，都要剪准确。见图5.1.23。

（3）归拔领面。方法基本与归拔领侧面相同。先将领脚拔开，在拔的同时将里口领肩部位归拢，领脚外口横丝在中缝处略为拔开些，在外领颈肩处要略归拢些。见图5.1.24。

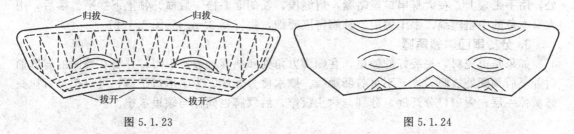

图5.1.23　　　　　　　　　　图5.1.24

（4）复攥领面。将归拔好的领侧面和领面正面复合对准，有条格的，对准后中缝，领角两边条格要对称；在攥针时肩缝两边略放吃势，以适应颈肩部位里外匀的需要，两边的领角要根据原料的厚薄放适当吃势，后领中段横丝要平攥，不可放吃势。见图5.1.25。

（5）合缉领止口。缉线时，离衬头边0.2cm缉，两边吃势部位相同，不可移动，缉线要顺直。缉好后把多余的缝头剪掉，剪时分上下层梯形修剪，使

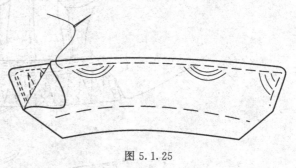

图5.1.25

止口薄匀。止口刷水烫分开缝翻出，将止口攥密攥实，盖湿水布烫煞、压平，再把两边领串口长短、宽窄、进出按样板划粉线劈准确。见图5.1.26。

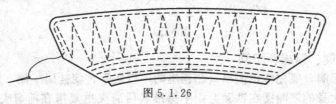

图5.1.26

> **技法提示**
>
> 做领头的具体质量要求如下。
> （1）配领衬丝缕准确，拼领衬接缝平服，劈领衬两格对称。
> （2）缉领里脚，线条顺直，缉领里三角匀称有窝势。
> （3）归拔领面和领里准确，不能用拔的方法代替归。
> （4）领头做好后，有里外匀，领两头有窝势。

（九）装领头、缉门里襟止口

1. 缉串口

挂面串口横丝摆正，按领脚线在驳口处提高1cm，缺嘴对准，大身驳口线与领串口领脚

驳口线处校对正确，然后把领面串口叠合在挂面串口上，缉好串口，刷水烫分开缝。缉串口要顺直，不可歪斜，松紧一致（缉串口和西装相同）。

2. 装领里

(1) 薄呢料的操作方法：将缉好的串口翻转，领角与驳头缺嘴进出摆准确，不可歪斜；沿领圈从左装到右，对准中缝、肩缝，领脚线和串口线相交呈方角；装领从缺嘴到驳口眼刀这段，领里略装紧，在肩缝两边适当放吃势，左右的吃势一致，部位要摆正。

(2) 厚呢料的操作方法：将领侧面搁在铁凳上，领侧面串口毛缝，复盖在大身的串口处，用手工攥上。在大身串口段略紧，肩缝段、领侧面略松，后横开领上下摆平。攥后，用大身本色的中粗丝线，手工繰上。针脚密度要细，每针 0.3cm。见图 5.1.27。

3. 分烫串口、领角缝

如果是薄呢料，将装好的领里，在领脚方角处和缺嘴处放好眼刀，并要在领圈的肩缝前后处至后领圈处放眼刀，又不可剪断缉线。刷水烫分开缝。为了串口平薄，可以把串口衬头修剪掉一层。领串口分开缝，分别与衬头扳牢，后领脚也同样与领里扳牢。

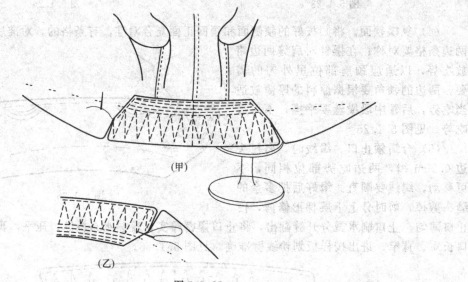

图 5.1.27

4. 攥夹里领圈、攥繰领脚面

(1) 攥夹里领圈，要先将正面串口和领里的串口摆平，朝挂面一侧，用手工攥牢；再把挂面上端圆头与大身的领圈搁在铁凳上摆平攥准。后肩夹里复搭在前肩夹里上，在领圈处，也复搭在大身的领里处，在攥夹里领圈时，后背中缝略放松，夹里要提高1cm，把领圈攥好。见图 5.1.28。

(2) 攥繰领脚面。夹里领圈攥后，把领脚面下口扣转，领面要放松，面宽于里，成为里外匀，领脚下口的领面略高于领里脚下口，并在两肩缝处与后领处带紧；领脚面攥后，要检查领面缺嘴是否有歪斜或扳紧现象。如果一切都符合要求，

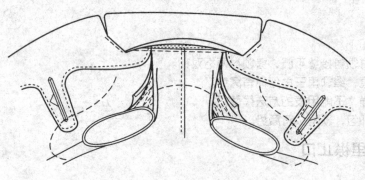

图 5.1.28

就将领脚面用粗丝线缲暗针,然后,将整条驳领放在布馒头上,盖湿水布,用较高温度熨斗进行熨烫,并用铁凳底部冷压。这样,使驳领的止口和串口衩缝及领脚缝平薄服帖。翻过来,驳口线用同样方法烫直、压平。后领口也一起烫平服。

(3) 缉钉吊祥。吊祥净长6cm,宽0.6cm,钉在后领脚中心处,缉线缉回针。

5. 缉大衣门里襟止口

(1) 缉门里襟止口之前,先要把门里襟及领缺嘴两边依齐,尤其是要检查一下门里襟长短是否一致,在基本相同的前提下,右襟底边反面朝上,缝纫机底面线调好,距右襟沿边10cm起缉,缉明止口1cm;缉门里襟时,止口坐进,不可反吐,缉到与驳头衔接处,止口缉线不断,驳头止口不可外吐。

(2) 缉线方法可用薄挺的纸头,折成一条直边,压在缝纫机的压脚下,缉止口时,按止口宽窄沿边缉线。止口缉线时,还要用镊子钳向前推送,以免起链。

> **技法提示**
>
> 装好大衣的领头的质量要求如下。
> (1) 串口缉线顺直。
> (2) 左右领驳角长短、开口大小都要对称。
> (3) 驳口线顺直,驳领窝势适当。
> (4) 后领口无起皱现象。
> (5) 门里襟止口缉线顺直,宽窄一致,线迹整齐。

(十) 做袖子、装袖子

1. 做袖子

(1) 大衣做袖子和呢中山装、西装基本相同。

(2) 不同的地方:缉后袖缝,大袖片正面与小袖片正面重合,小袖片的后袖缝偏出0.7cm,沿边0.4cm用攥纱定准,缉线0.5cm。见图5.1.29。

(3) 明缉后袖缝:将后袖缝拼好之后,翻开,放在木头驼背上,驳平,盖湿水布烫平,然后正面缉明止口1cm,缉线顺直,不可弯曲。见图5.1.30。

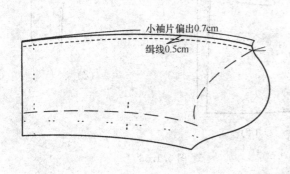

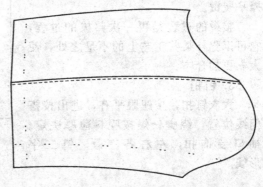

图5.1.29   图5.1.30

(4) 后袖缝缉后,再把袖口贴边翻烫,敷上袖口衬,同时把前袖缝缉烫分开缝,把袖夹里和袖面的袖口重合,兜缉一周,贴边翻上,将袖口用本色面料线缲牢,针脚要细,正面不可露有针花。

抽袖山吃势与呢中山装相同。见图5.1.31。

(5) 攥前后袖缝:袖口坐势1cm左右;然后小袖片面里对合,攥纱攥牢;翻向正面,

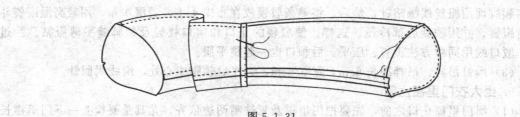

图 5.1.31

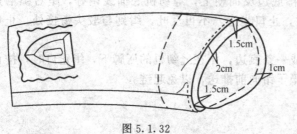

图 5.1.32

袖口上 10cm 左右，盖湿水布烫煞、压平。见图 5.1.32。

2. 装袖子

装袖子，做、装肩势和缲袖窿与呢中山装装袖工艺要求相同。可见图 5.1.33（甲）、（乙）。

（十一）整烫、锁钉

1. 锁眼

锁眼的位置按制图要求，纽洞眼大小一般大于纽 0.2～0.3cm。锁圆头纽眼，具体的锁眼方法参照呢中山装缝制工艺。

2. 整烫

因为一般大衣多采用厚呢料缝制，所以整烫是一件大衣的重要工艺之一。在我们学习制作过程中，有些部位是边做边烫的，已烫过的部位可以不重新烫了，如大衣的袖子、后背衩等。但袖子山头尚未轧烫，要盖湿水布进行整烫，包括肩头在内，同时将驳领、胸部、底边及门里襟止口，正面盖湿水布烫后，还需要用铁凳底进行冷压，然后把夹里摊平熨烫。

整烫的过程是再一次归拔的过程，它可以弥补某些工艺上的不足之处，使大衣更加合体。

3. 钉扣

大衣钉扣，按纽眼平齐，进出按搭门线位置，绕脚长短按呢料薄厚决定。袖口装饰扣，左右各三颗。钉二字形线。

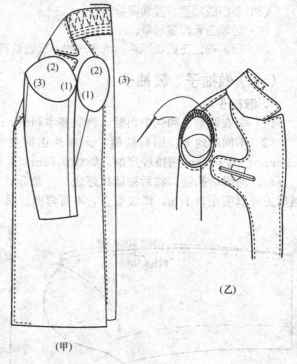

图 5.1.33

五、男呢大衣的总的质量要求

1. 外形美观，线条清晰。
2. 缉线顺直，驳领对称。
3. 装袖圆顺，前后适当。
4. 整烫平服，里外一致。

5. 锁眼整齐，钉扣准确。

技法提示

缝合肩缝要求如下。
（1）后袖缝缉线宽窄一致，不可有弯曲现象。
（2）装袖前后要适当，左右两袖要对称。
（3）缲袖窿夹里，不可太松，也不可太紧，缲后不能有起吊。
（4）其它都与呢中山装的质量要求相同。

附：男呢大衣大流水工艺程序

第六章 弧形刀背女大衣缝制工艺

图 6.1.1

一、外形概述与外形图

单排三粒明纽，假袋盖钉样纽，双嵌线插袋，弧形刀背分割开刀，圆驳领，袖口钉两样纽，全腰带，后背弧形刀背缝。见图 6.1.1。

二、成品假定规格

cm

衣长	胸围	肩宽	腰节	腰围	下摆	袖长	袖口	全腰带
100	100	41	40	86	139	53	14	长101 / 宽4

三、刀背缝女大衣缝制工艺程序

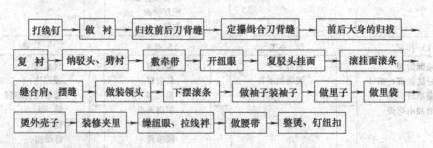

四、缝制工艺

（一）打线钉

1. 打线钉部位

前衣片大刀背：门襟止口，叠门，驳口，装领缺口，刀背缝，胸高对档，腰节，臀围对档，纽位，贴边。见图 6.1.2。

前片小刀背：摆缝，胸高对档，腰节，臀围，袋位，贴边。见图 6.1.3。

后衣片大刀背：刀背缝，背高对档，腰节，臀围，贴边。见图 6.1.4。
后片小刀背：摆缝，背高对档，腰节，臀围，贴边。见图 6.1.5。
袖片、袖山对档，袖标，袖肘，前偏袖，后袖缝，后袖省，袖口贴边。见图 6.1.6。

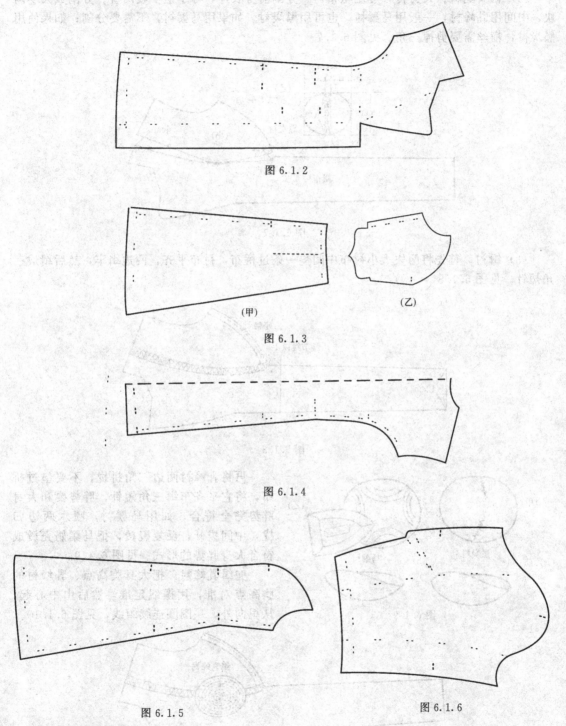

图 6.1.2

(甲)　　　　　　　　　　(乙)

图 6.1.3

图 6.1.4

图 6.1.5　　　　　　　　图 6.1.6

2. 质量要求

(1) 衣片在打线钉之前一定要依齐，上下左右摆平。线钉面子留线头 0.3cm。
(2) 上下层线钉要求位置准确。

（二）做衬

（1）衬头是大衣中不可缺少的组成部分，起着修饰体形的作用。

（2）衬头配料。大身衬，可用粗布衬。分割前身衣片，等于上下收两省。分割成大小两块，中间用乳峰衬，一般用马鬃衬，也可用黑炭衬。如果用马鬃衬，不需要分割；如果使用黑炭衬，横丝需要剪掉三角。见图6.1.7。

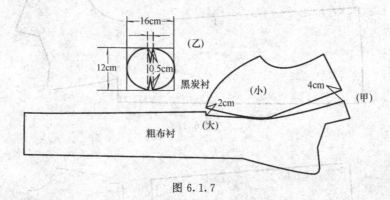

图 6.1.7

（3）缉衬。首先将两块大小衬布中间垫一条过桥布，衬布平齐，两边缉牢，然后缉成三角短针。见图6.1.8。

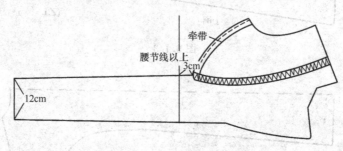

图 6.1.8

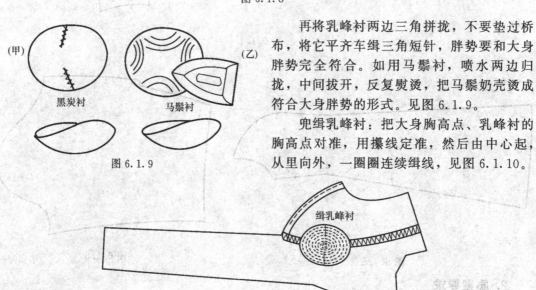

再将乳峰衬两边三角拼拢，不要垫过桥布，将它平齐车缉三角短针，胖势要和大身胖势完全符合。如用马鬃衬，喷水两边归拢，中间拔开，反复熨烫，把马鬃奶壳烫成符合大身胖势的形式。见图6.1.9。

兜缉乳峰衬：把大身胸高点、乳峰衬的胸高点对准，用攥线定准，然后由中心起，从里向外，一圈圈连续缉线，见图6.1.10。

图 6.1.9

图 6.1.10

（4）烫衬。将胸衬喷水，靠自己身边，左手拎起下段，右手将熨斗从驳口上端向下归进，乳峰点隆起，周围烫圆，基点（BP点）集中、烫实、烫煞。肩缝拔开，袖窿和胸部归拢。见图6.1.11。

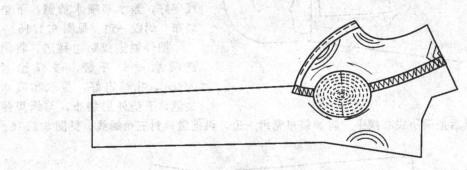

图 6.1.11

技法提示

怎样配缉女大衣衬头：
（1）胸衬做好以后，两胸高低完全一致。
（2）奶壳衬和大身衬相符。
（3）拼衬、缉衬要平服。
（4）归拔时注意胸部丰满圆顺，向基点（BP点）集中，符合体形。

（三）归拔前后刀背缝、攥缉合刀背缝（开袋）

（1）做假袋盖。小刀背上段，用大衣夹里料在袋盖沿边缉一道，小圆角处劈掉0.4cm，翻到正面烫平，止口不可外露。见图6.1.12（甲）、（乙）。

（2）拼接腰节。上下段正面朝里，袋盖夹里和腰节合缉，将前后两侧毛头缉牢，正面无毛出现象。见图6.1.13。

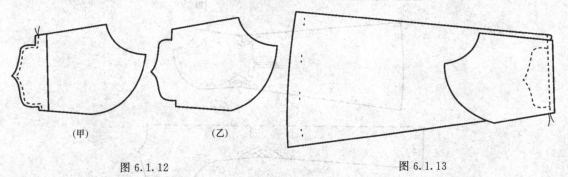

（甲） （乙）

图 6.1.12　　　　　　图 6.1.13

（3）袋布。上下两层，下层袋布缉上面料垫头。

（4）开嵌线袋。按插袋位置，贴上两条直丝绺本色料，中间隔开1.5cm，两头打来回针；把中间剪开，两头放三角，不能将缉线剪断。见图6.1.14。

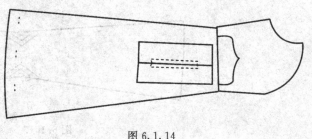

图 6.1.14

把里侧嵌线贴边翻进,将缉缝喷水烫分开缝,嵌线捻紧宽0.8cm,并把两头三角折进,攥线定好,盖水布喷水烫煞,下垫袋布,缉线一道。见图6.1.15。

把外侧嵌线贴边翻进,将缉缝喷水烫分开缝,嵌线捻紧0.8cm,扎线定好,盖水布喷水烫煞,下垫外层袋布,与缉里侧

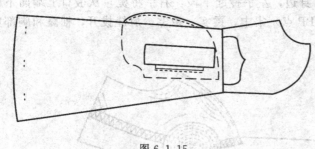

图6.1.15

嵌线相同。然后把两层袋布摆平,将插袋布兜缉一道,再把袋口封三角缉线。见图6.1.16。

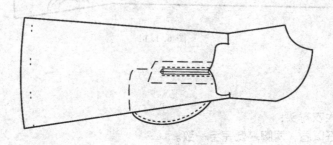

图6.1.16

(5) 前后腰节归拔。前后大小刀背缝,将腰节处略拔开。见图6.1.17。

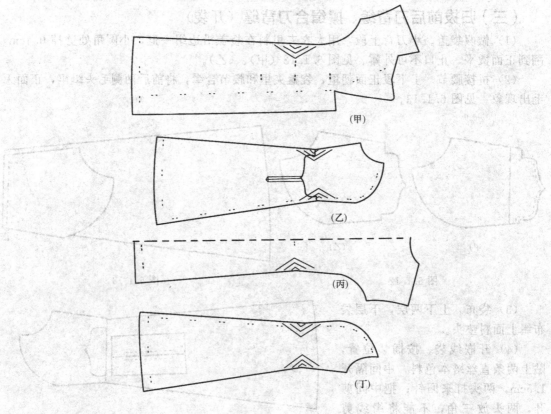

图6.1.17

（6）攥缉前后片。大刀背衣片放在小刀背衣片之上，两片正面对合，做缝0.6~0.7cm，小刀背做缝1.2~1.3cm，胸高点、腰节处及臀围点，各点对准，缉线时上下层不可移动。见图6.1.18。

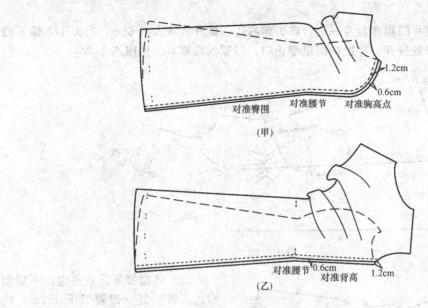

图6.1.18

（7）缉刀背缝明止口。面子大刀背缝压小刀背缝，止口驳平，盖水布喷水烫平，然后缉线1cm。止口顺直，不得有宽有窄，前后刀背缝相同。见图6.1.19。

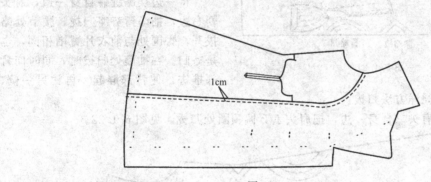

图6.1.19

技法提示

缉好刀背缝注意事项如下。
（1）腰节拔顺，大小刀背缝在胸高处不能有吃势。
（2）袋口嵌线宽窄一致，袋角不可毛出或割开。
（3）左右两格袋口长短一致。
（4）两格装饰袋盖对称。
（5）刀背明止口缉线宽窄一致。
（6）缉刀背缝驳平，不可有坐缝。

（四）前后大身的归拔、复衬

女大衣刀背分割，既美观又符合人的体形。但仅靠分割还是不够，因此还需要借助于归拔工艺，通过归拔使之更符合人体。

1. 前衣片归拔

（1）首先把前衣片门襟靠自身一边，肩头朝右边，横开领抹大 0.6cm，驳头 1/2 偏下归拢，推向胸部，腰节处拔开，并推向门里襟止口，门襟丝缕推直。见图 6.1.20。

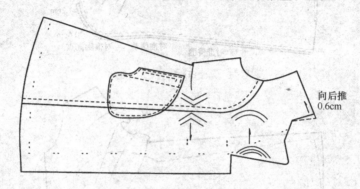

图 6.1.20

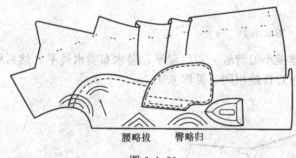

图 6.1.21

（2）将摆缝靠自身一边，下摆朝右边，臀围处（即腰节下 15cm）略归拢，腰节处略拔，袖窿弯势处略归，把胖势推向胸部。见图 6.1.21。

2. 后衣片归拔

将一边摆侧缝靠自身一边，肩头朝右边，袖窿弯势略归拢，腰节处略拔开，臀围处与前衣片臀围相同，也是略归。在袖窿处归拔时，同时向背部推进，使背部胖起。再烫另一侧，由下摆朝右边，用同样方法归拔。

然后调头，将肩头靠自身一边，把肩头 1/2 偏领圈处归拢。见图 6.1.22。

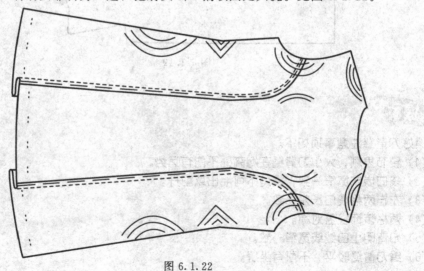

图 6.1.22

3. 后背袖窿敷牵带

把已归拔好的袖窿敷上牵带,上肩不要到头,下袖窿弯势也不要到底,都留约5cm,目的是不使其拉还。

后领横开领处稍带紧,不可起皱。也用牵带布沿边撩纱定牢,针距1cm。见图6.1.23。

4. 复衬

女式大衣门襟下段连挂面。因此,复衬的第一道线从距离驳口2cm处起,由上至下,从反面撩衬,门襟处衬沿止口直线,撩线离进1.5cm左右。衬头放在上层,但是下层面子一定要捋挺。见图6.1.24。

再将前衣片翻过,撩第二道撩线,上离肩缝4cm左右,基本上按小肩宽1/2起向下撩直线至底边。撩第三道线,由横开领离肩缝4cm左右,向后捋平,沿肩缝撩到袖窿处,再沿袖窿离毛边0.5cm撩到底。为了撩平胸衬,一定要在另一边填高才能捋平,否则复衬会起壳。然后按胸衬在腰节线上,撩至门襟止口处;同时翻到反面,把袋布与衬布定牢。见图6.1.25。

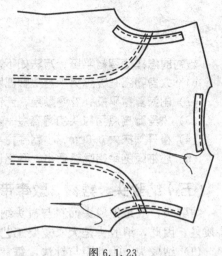

图6.1.23

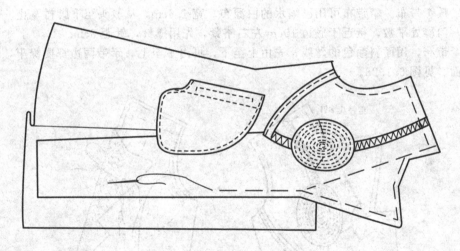

图6.1.24

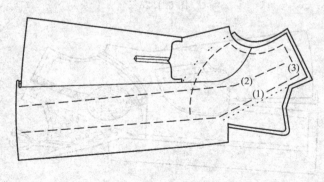

图6.1.25

> **技法提示**
>
> 复衬时怎样使胸衬平挺,方法如下。
> (1) 大身胸部归拢胖势与衬头胸部胖势完全符合。
> (2) 前胸复衬平挺,丝绺顺直,无链形,无起皱。
> (3) 大身胸高点与衬头的胸高点一定要对准。
> (4) 横开领抹大0.6cm,小肩要捋平。
> (5) 后袖窿的牵带吃势适当,两格长短一致。

(五)纳驳头、劈衬,敷牵带

纳驳头,就是把驳头面料与衬头纳在一起,形成自然窝势,它的纳法与手势直接影响驳头质量,因此,纳驳头是大衣重要工艺之一。

(1) 纳驳头。①针距与针法:每针长度为0.8cm,间距0.8cm。针法与西装的针法基本相同。②划驳头:先将驳口线划一条铅笔线。然后纳重叠八字针,在此基础上再纳来回八字针。见图6.1.26。③烫驳头:驳头纳后,盖水布正面烫平,翻过来驳头衬干烫,烫成自然窝势。

(2) 劈止口。从驳头缺嘴开始,驳头离面子劈进0.8cm。面、衬顺直,门襟处与止口线钉平齐,底边处的线钉与衬布劈齐。见图6.1.27。

(3) 敷牵带布。牵带布可用已缩水的白漂布,宽1.5cm,从驳头至下脚衬宽止。驳头处略带紧,门襟处平敷,接近于底边10cm左右略紧,先用攥针,针距3cm。

撩牵带布,用面料颜色的丝线,先由上至下,再由下至上,牵带两边都要缲牢,但不可缲出正面。见图6.1.28。

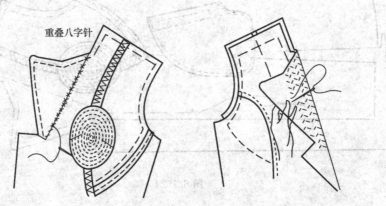

图6.1.26

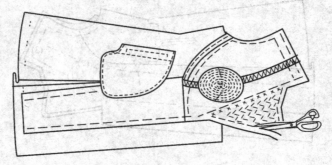

图6.1.27

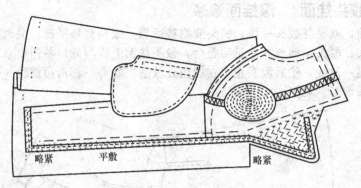

图 6.1.28

> **技法提示**
>
> 劈衬后衬布与面料应达到的要求如下。
> （1）攥驳头：既要有自然窝势，驳头衬又不能起皱。
> （2）劈衬：大身驳头两格相等，顺直圆顺，劈衬与面子驳头距离 0.8cm，与面子顺直相同。
> （3）敷牵带布：驳头处略紧，门襟过平，下口略紧，使牵带平服，门里襟两格长度相等。

（六）开纽眼

女大衣开纽眼简要说明如下。

开眼在右门襟，高低距离都按纽眼线钉，纽眼进出要按叠门线，偏出叠门线向止口方向 0.2～0.3cm；纽眼大一般比大衣纽扣大 0.2cm，约 3.3cm；在反面衬头上划好铅笔印，纽眼缉线宽 0.6cm，将纽眼剪开，两头放三角眼刀；烫分开缝，纽眼头要做三角洞，纽眼尾两条嵌线并齐。两头封口打来回针；纽眼烫平后，反面用攥线定一周，固定纽眼。见图 6.1.29（甲）、（乙）。

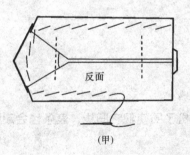
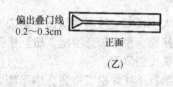

图 6.1.29

> **技法提示**
>
> 纽眼头为什么要三角圆头：
> （1）四角方正无毛出，无反吐，嵌线宽窄一致。
> （2）三只纽眼大小一致，纽眼头三角圆顺。

（七）复驳头挂面、滚挂面滚条

所谓复挂面，就是复驳头一段，驳头要吃势适当，做到窝势平挺、美观。

（1）攥驳头。驳头正面与衣片正面叠合，驳头挂面上口与外口各伸出 0.7cm。先在驳头挂面的驳口线攥一道线，然后驳头止口在驳角处放适当吃势，再沿边攥线一道，下角放一眼刀，切勿把绲线剪断。见图 6.1.30。

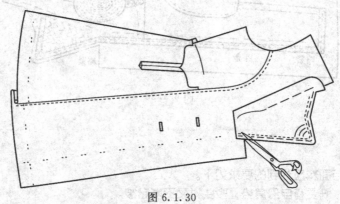

图 6.1.30

（2）劈翻驳头。沿离驳头衬 0.1cm 绲线一道，将驳头余缝修劈掉，留 0.6cm，烫分开缝；把驳头下段与挂面拼接，缺嘴按规定放一眼刀。再把驳头翻转，面子止口坐进 0.1cm，沿外止口 1cm 攥线至底边。见图 6.1.31（甲）、（乙）。

（3）挂面滚条。挂面滚条用大衣夹里 45°斜料，滚条毛宽 2.5cm，滚条正面与挂面正面合叠，沿边绲线 0.4cm。滚条略带紧一点，在上口圆头处放松。绲线顺直。见图 6.1.32。

把沿边修剪齐后，再将滚条驳转，用右手食指与拇指将滚条密紧。下面略带紧，包足，否则容易起链；按原缝绲暗针（漏落针），不要绲住滚条，也不能距离暗针太远，以免影响美观。见图 6.1.33。

滚条绲后，用熨斗把挂面烫平，再翻过来正面朝上，驳头、挂面摆平直，用水布喷水烫平。用竹尺压在止口上，使其冷却平薄。

技法提示

使驳头大小长短一致应注意以下事项。
（1）复挂面，驳头段适当松，做到里外匀。
（2）驳头止口平薄。
（3）滚条既不能太松或拉还，也不能太紧。松了即使把它归拢，滚条也会起链起皱，太紧了就会起吊，应做到面里基本符合。

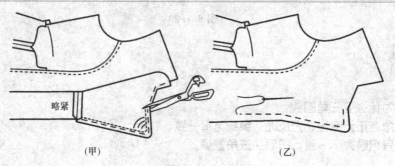

（甲）　　　　　　（乙）

图 6.1.31

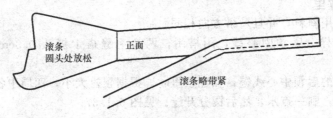

图 6.1.32

（八）缝合摆、肩缝

摆、肩缝都是直缝，看起来简单，但工艺上如不注意就会产生很多毛病。

（1）缉摆缝。先将前后衣片面子正面合叠。前后摆缝上下缝头和腰节对准线钉，两片之间松紧一致。撩纱一道，然后沿摆缝缉缝 0.9cm。见图 6.1.34。

（2）左右肩缝按线钉，上下缝头对准，后肩的 1/2 偏横开领处要略多放吃势，外肩处少吃势，前肩的衬头折在一边，撩定线时不要将前衬定牢，撩线要密，使松度不移动，然后缉线 0.9cm。见图 6.1.35。

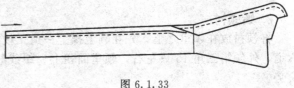

图 6.1.33

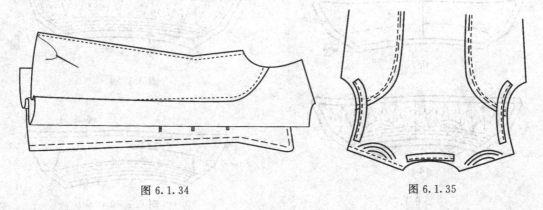

图 6.1.34　　　　　　　图 6.1.35

（3）撩肩衬。把缉好的肩缝，拆掉撩线和线钉，放在铁凳上，喷水烫分开缝，切不可将肩缝烫还，并把后肩归拢位置处烫平。再把前肩衬布贴在肩缝上，正面朝上。将前横开领抹大处捋向外肩，肩缝分开处，撩线一道，然后翻转把前肩衬撩在后肩分缝上定牢。再把摆缝撩线拆掉，喷水烫开分缝，烫时注意腰节处拔开，臀围处归拢。烫干、烫煞、烫平、定形。

缉摆缝和缉肩缝的要求如下。
（1）摆缝顺直，缉线宽窄一致。
（2）肩缝平挺，前肩不可有链形。
（3）前后丝绺平正，穿在衣架上，前后波浪均匀。

（九）做装领头

做装领头是衣服制作中关键的工艺之一。在操作时，一定要精细。

1. 拼领衬和领里
领衬和领里都用斜料，并且丝缕方向相同。

（1）领衬、净样、后领中心线，用搭缉，两边毛缝搭上缝头 0.8cm，中间缉线。见图 6.1.36。

（2）拼接领里的后领中心线缝，在配领里时，根据领衬大小，四周中各放缝 1cm，后领中心线缉线 0.8cm，刷一点水，然后烫分开缝。见图 6.1.37。

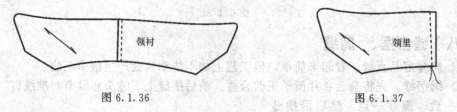

图 6.1.36　　　　　　　　图 6.1.37

2. 缉领衬
将领衬放在领里之上，先在领上攥上一道，按前领宽窄作为领脚宽，领衬朝上，缉线五六道，外领缉三角 15 只左右，领里面朝上，缉线时，领里略带紧。领里缉线后，成为自然窝势。

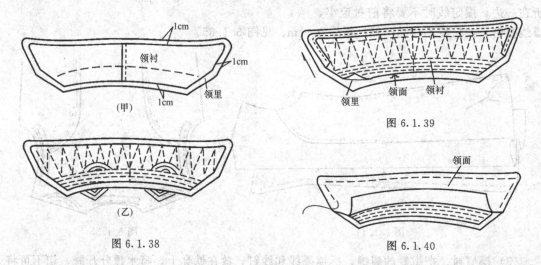

图 6.1.38　　　　　　　　图 6.1.40

喷水烫平，领脚两肩处拔开，外领口在两肩处归拢，归至领脚宽处。然后在领脚的两肩处放眼刀作标记。见图 6.1.38（甲）、（乙）。

3. 缝合领头
领面参照领里归拔后，放在下层，正面朝上，领里正面朝下，两片相符合，用攥线定牢，以免走样。兜缉领时，把预先放好的 0.8cm 余缝推进，作为领外口的坐势，缉在离衬 0.2cm 处，兜缉之后，领面的缝头留 0.3cm，多余的都剪掉，领里留 0.8cm，多余的也剪掉。然后刷水烫分开缝，接着把领里沿兜缉线扳转，撩斜针，喷水沿领外口烫平。见图 6.1.39。

4. 翻领头
在两领角圆头处，用大拇指尖卡住圆头，翻过来一顶，两边圆头大小和长短都要相同。然后沿领外攥一道，止口坐势 0.2cm，盖水布烫平烫煞。见图 6.1.40。

5. 装领
（1）装领面。先在门里襟串口，领面与挂面叠合，用攥线在领面上定攥。定攥时注意对准缺嘴标记，松紧一致，先定里襟，后定门襟，两面挂面进出一致。见图 6.1.41。

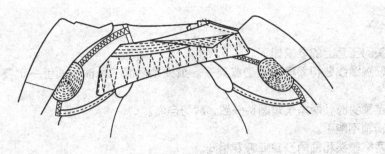

图 6.1.41

（2）攒领里。领里与领圈正面叠合，在领里上用攒线从门襟起针，攒到里襟，后领中缝、肩缝、缺嘴对准，松紧一致。见图 6.1.42。

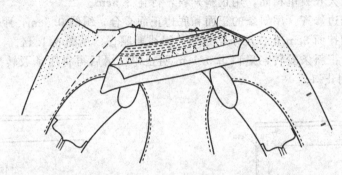

图 6.1.42

（3）缝缉串口和领里。先缉左右串口，按攒线缺嘴对准，缉线顺直，两端打来回针；装领里，按攒线沿领脚衬头净缝缉出 0.1cm，缉线顺直，后中缝、缺嘴、肩缝标记都要对准、不要移动。最后把攒线抽掉。

在分烫串口和领里时，前领左右领脚的弯势处各放眼刀，但不能把眼刀剪得太深，然后放在铁凳上喷水烫分开缝；烫面、里串口也喷水烫分开缝；最后检查缺嘴长短、缺嘴衔接处是否平正无毛出。如有小毛病在盖水布喷水烫驳头时纠正，或者用手工针线修整。见图 6.1.43。

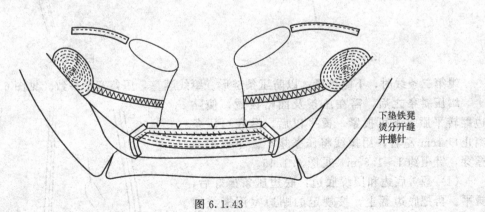

下垫铁凳
烫分开缝
并攒针

图 6.1.43

6. 撩领脚

领脚分开后，用攒纱将分开缝和领脚衬撩平，在串口处分缝，两边分别用斜针撩牢。然后将串口内缝攒牢，要求平服，盖水布烫平。

> **技法提示**
>
> 装领头时工艺上的要求如下。
> (1) 领脚缉线要和大身的驳口线对齐。缉外领侧面三角时,领里一定要带紧,缉成自然窝势。
> (2) 做领头时,两角长短圆头一致,窝势自然。
> (3) 装领不能歪。
> (4) 两格驳头和领角及缺嘴等要相同。
> (5) 驳口线和领口要顺直,准确。

(十)装底边压条

(1) 用料。与大衣夹里相同,用正斜开料,行宽 3.5cm。

(2) 首先把底边修齐。用斜条的正面和底边正面叠合,缉线 0.5cm,距离门襟挂面 8cm 起针,缉到距里襟挂面 8cm 止。压条略带紧,缉线要顺直。见图 6.1.44。

(3) 缉压条。把斜条驳转,里口缉 0.1cm 明止口,缉后再将压条驳转按 1cm 宽,在压条正面缉 0.1cm 明止口。

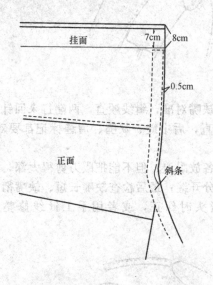
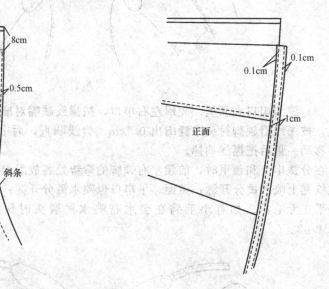

图 6.1.44　　　　　　　　　图 6.1.45

缉第二条线时,下略带紧,以防压条链形。缉线顺直,压条宽窄一致。见图 6.1.45。

缉压斜条之后,需在压条及面略拔烫,使贴边翻转平服,不可扳紧,烫平以后,沿底边压条离止口 1cm 左右,用攥线将压条攥牢。不要把面攥穿,针距约 1~1.5cm。见图 6.1.46。

(4) 翻烫底边和攥绷底边:底边压条攥好后,烫平。再把底边翻上,按规定的贴边宽用攥线攥牢,然后用水布盖在贴边上,喷水烫煞、烫平,再将底边压条略翻开些,用长针暗缲。见图 6.1.47。

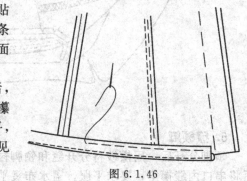

图 6.1.46

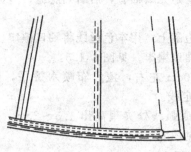
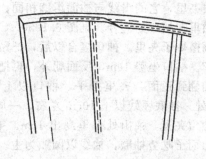

图 6.1.47

压条时应该注意事项。
(1) 压条顺直，宽窄一致。
(2) 缲暗长针，针脚要细，线放松些，正面不能有针花，针距 1~1.5cm。
(3) 烫底边时，贴边宽窄一致，盖水布要烫煞烫平。

（十一）做袖子

（1）袖片归拔。前袖缝的袖肘处拔开，后袖缝在袖肘处需要归拢，并在后袖口贴边口略拔。见图 6.1.48。

（2）缉袖省、攥袖口衬布。缉省，一般独片袖的袖肘省，先剪开，然后收省，刷水烫分开缝，在烫时把袖肘处归拢。

袖口衬布，用横料，宽 4~5cm，沿着袖口线钉，弯势按袖口的形状，绷三角针或者攥倒钩针。见图 6.1.49。

（3）缉袖底缝。将前后袖缝重合，面子朝里，缉线 0.8cm。后袖缝放在下层，前袖缝放在上层，缉线时下层略归。上层在袖肘处需略拔开，然后刷水烫分开缝，烫煞、烫平。

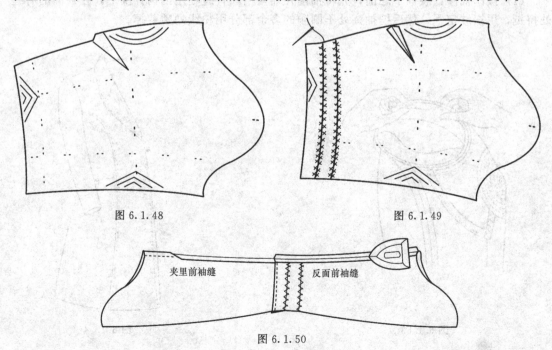

图 6.1.48　　　　　图 6.1.49

图 6.1.50

再绱袖夹里,它的绱线与袖面绱缝相同,也是先绱袖省,后绱袖底缝,坐烫袖底缝,再将袖面和袖里在袖口处缝合。见图6.1.50。

(4)翻攥袖子夹里。袖口缝合以后,把贴边翻上,用本色丝线将袖口撩牢。袖底缝面子和夹里攥牢。袖口坐势1cm,反面朝外,再把袖口攥牢。见图6.1.51。

再将袖翻到正面,夹里摆平,袖口以上10cm左右,盖水布喷水烫平,烫干,定型。(并在袖肥处,袖底弧线以下10cm左右,一周定线。)

修剪袖山夹里,袖山处夹里高出1cm,袖底弧线处夹里高出1.5~2cm,圆弧线修顺,最后把袖山面子吃势抽顺,抽线以圆顺为主。见图6.1.52。

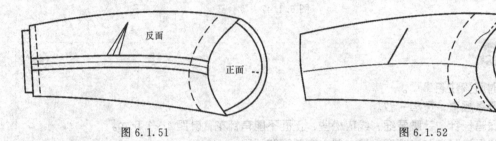

图6.1.51　　　　　　　　　　图6.1.52

技法提示

对袖山吃势要求以下几点。
(1)袖子归拔正确,袖口衬布平服。
(2)袖子做后要摆平,夹里袖底缝有坐势。
(3)袖夹里袖口处坐势1cm,袖山夹里修准确。
(4)袖山吃势圆顺。

(十二)装袖子

(1)攥修袖窿:装袖子之前,先将袖窿在袖窿门和背缝处用倒钩针攥平,在袖窿的肩缝处捋挺,用攥纱定平,然后把袖窿处不圆顺的多余部分用粉线划顺剪掉。

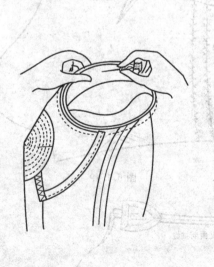
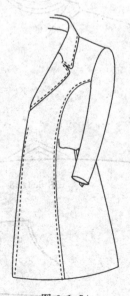

图6.1.53　　　　　　　　　　图6.1.54

(2) 攥缉袖子：将袖孔与袖窿袖山对准肩缝，袖标对准袖窿袖标，袖山朝上，吃势均匀，攥线针距 0.5~0.6cm，攥缝大 0.9cm，攥好之后放在胸架上检查吃势是否正确、袖子是否盖牢插袋略偏前 1~2cm，检查合格后，车缉一周，缉线顺直。见图 6.1.53、图 6.1.54。

(3) 缉绒布条、装垫肩：左右装袖完全符合要求之后，反面放在铁凳上，将袖窿的袖山处喷水轧烫，为使袖山头半满圆顺，再在袖山处缉上 3cm 宽、23cm 长的绒布斜条，由前袖标开始至后背高偏下处止，只能缉在装袖线之外。

装垫肩：垫肩，有定型海绵垫肩和定型腈纶棉垫肩。这里垫肩要薄形，不能太厚，中间外口厚度 0.8cm，垫肩的沿边要薄，上层用纱布，下层用粗布衬。见图 6.1.55。装垫肩，前短后长。把垫肩 1/2 向前偏 1cm 对准肩缝，肩缝平，前肩摆平，肩缝外口露出 1~1.5cm，后垫肩略带紧一些，使后背有戤势，见图 6.1.56。

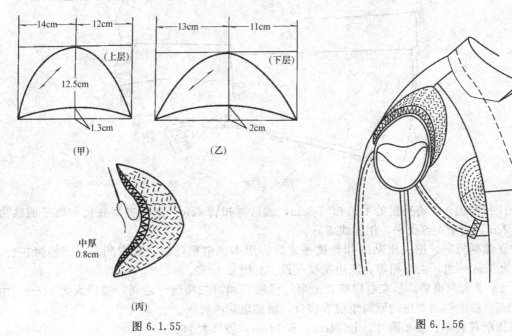

图 6.1.55　　　　　　　　　　　　　图 6.1.56

技法提示

装垫肩作用如下。
(1) 两袖山圆顺对称，装袖前后适宜。
(2) 袖山丰满，绒布条缉线顺直。
(3) 垫肩平薄，要和体形相符。
(4) 装垫肩，进出适当，前肩平服圆顺，后肩圆顺略有戤势。

（十三）做大衣夹里，做里袋

大衣夹里主要是盖住衬头和袋布，增加内在的美观，保持外形平挺。
(1) 缉前后省缝。把夹里的腰节省和肩省，按面子缉省要求缉线。见图 6.1.57。
(2) 合缉肩摆缝。收夹里前后省后，再把摆、肩缝对齐，缉缝头大 1cm，缉后把摆缝折转烫平。见图 6.1.58。
(3) 扣贴边、绷杨树花。

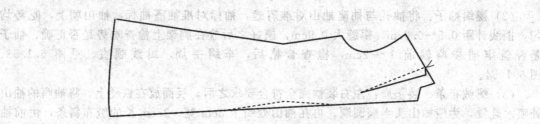

图 6.1.57

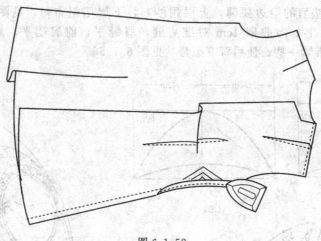

图 6.1.58

① 扣贴边，先将夹里的毛边扣转 2cm，然后再扣转 4cm，这样夹里底边与面子的底边相距 2cm，宽窄一致烫平，用攥线定好。

② 绷杨树花。把夹里贴边扣转烫平之后，用本色中粗丝线，从右到左，绷杨树花针。密度为 5cm 一组，大小相等，底边宽窄一致。见图 6.1.59。

（4）女大衣里袋。装在右门襟，上第一档纽位和第二档纽位之间，袋口大约 14cm，由 14～15 只布齿口用夹里的原料组成为袋口，增加里袋的美观。

① 配裁袋布：袋布两片，长 24cm，宽 14cm，袋口大 16cm。

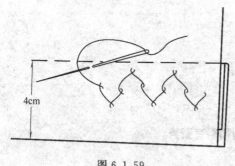

图 6.1.59

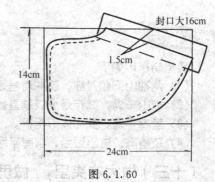

图 6.1.60

里袋用夹里布作垫头布，宽 5～6cm，缉在大片袋口，两片重叠，沿袋边缉一道，见图 6.1.60。

② 做锯齿口：齿口用正方形夹里料，宽 3cm，由 14 块横直料对折成三角。见图 6.1.61。

③ 再将第一只齿口张开，把第二只夹进，依次相叠，齿口间距 1cm，用车搭缉；三角

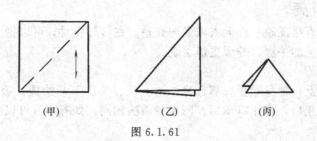

(甲) (乙) (丙)

图 6.1.61

大小相同,间距离相等。见图 6.1.62。

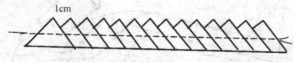

图 6.1.62

把缉叠好的锯齿口,装在里袋上,与袋口平齐,上下留余缝基本相等;缉线要缉在锯齿口的缉线外,避免齿口缉线外露或者齿口有大有小。见图 6.1.63。

当锯齿口的里袋做好后,直接装在大身夹里的右侧上第一与第二档纽眼之间,按袋口大小的要求,外口毛缉一道,上下放眼刀,把里袋复进摆平。锯齿口处,沿大身缉清止口一道。见图 6.1.64。

> **技法提示**
>
> 绷好杨树花和锯齿口的里袋要求如下。
> (1) 合缉肩摆缝,要摆平顺直,摆缝不可有长短。
> (2) 杨树花整齐、平直,反面服帖。
> (3) 锯齿口袋里,每只三角整齐,大小距离基本相同。
> (4) 装里袋与大身一定要摆平,高低要适当。

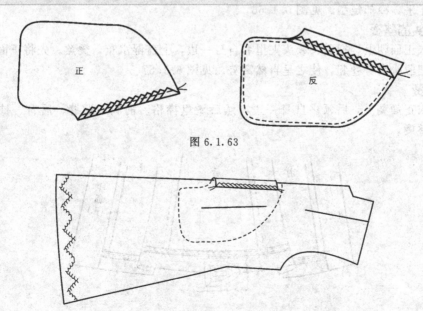

图 6.1.63

图 6.1.64

第六章 弧形刀背女大衣缝制工艺

（十四）烫外壳

烫外壳质量，直接反映一件大衣质量的好差。在烫外壳时，可以把大衣的不足之处重新归拔一下，使成品更加平服，外形更加美观。

1. 烫挂面

将大衣反面朝上，把里襟止口靠自身一边。从驳头以下开始烫，盖湿水布用高温烫煞，乘热气用竹尺压住止口，将止口压薄；门里襟烫法相同。如有不直可以拉一把，最后冷却定型。见图 6.1.65。

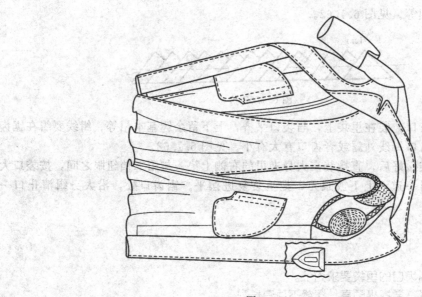

图 6.1.65

2. 烫底边

将大衣底边靠自身一边摆平，上盖湿水布，用高温一段一段地烫，烫后乘热气，马上用竹尺把它压平，冷却定型。见图 6.1.66。

3. 驳头的整烫

将大衣正面朝上，把驳头领头夹里靠自身一边，上盖湿水布，烫煞；先将正面用竹尺压薄，然后把驳头窝势卷起，使之呈自然窝势。见图 6.1.67。

4. 整烫

把大衣正面朝上，后领靠自身一边，然后烫里襟格、前胸、摆缝、后背、袖子、肩头等，依次整烫。

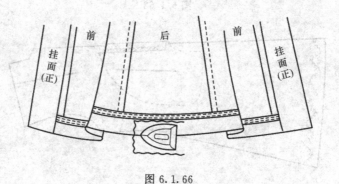

图 6.1.66

技法提示

整烫的质量要求如下。
(1) 整烫是弥补工艺操作上的不足,所以需要在外壳上认真地整烫。
(2) 通过整烫,使止口平薄、挺拔,如有丝缕不正之处,还需要边整烫,边调正。
(3) 烫大身,根据体形要求和归拔要求,重新归拔一次,最后达到定型目的,既要烫煞、烫平,又不可烫焦烫黄。

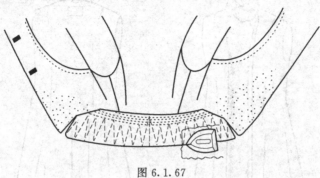

图 6.1.67

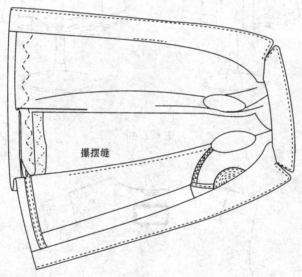

图 6.1.68

(十五) 复大衣夹里

大衣的面子有波浪,但夹里不需要有波浪,只要把摆缝两侧夹里和面子攥牢,攥线和夹里都要略吃松,两边丝缕平衡,不可起链,不可吊起,从腋下10cm起到底边以上10cm左右止;然后,挂面和前身夹里穿在衣架上,摆平由上向衣边攥定。

(1) 攥摆缝:由上至下,攥线和夹里略放松,上腋下10cm起,至底边上10cm止。见图6.1.68。

(2) 在摆缝攥好之后,把这件衣服反穿在胸架上,再将左右门里襟以及胸部和驳头都要摆平。夹里略要放松,以免夹里起吊。先定前衣片,由上至下,到底边外,夹里底边和面子底边距离两边宽窄相等。

前片攥好之后,将后衣片的领圈复上,后领夹里在攥定之前,先用夹里斜料,毛宽 1.8cm,毛长 8cm 做吊袢带,缉好翻出,净宽 0.5～0.6cm,半圆形缉在夹里后领圈,净长 6cm,夹里扣攥扣上,见图 6.1.69(甲)、(乙)。

(3)当前后衣片攥上之后,把挂面滚条揭开一点,缲暗长针至里袋处,袋口上下都要打套结。门里襟两格相同。

在后领圈以下 4cm 居中钉商标,四周折光,绷三角针或用车缉,见图 6.1.70。

(甲)　　　(乙)

图 6.1.69

图 6.1.70

技法提示

复夹里具体质量要求如下。
(1)攥摆缝不可起吊和横链。
(2)攥后领圈,先把领面和领脚攥牢,再将夹里复上攥平,不可打裥或绷紧。
(3)半圆吊袢要在后领居中,净长 6cm。
(4)商标钉在后领居中,离折缝 4cm,四角方正,车缉或绷三角都可以。

(十六）缲袖窿、打线袢

缲袖窿前应先将袖窿攥平，不能起吊或起链，使袖子前后圆顺，位置准确，然后缲袖窿。

(1) 先把袖子夹里拉出，摆平，袖山眼刀和袖底缝对准，然后把袖里包向袖窿，攥针一周，这里的攥针是很重要的，因为攥纱是不抽掉的，它将固定在里面，起到对缝、放吃势、调节松紧等重要作用，在攥针之后，要翻过来检查一遍，如有不当，应立即修正，然后将大身的袖窿夹里边扣转，复盖在攥好的袖洞毛缝上，同样要对准肩缝和摆缝，再攥针一周。攥针时也要将平大身夹里，只能放松，不能过紧。

袖窿夹里攥好之后，用暗短针缲好袖窿。见图 6.1.71。

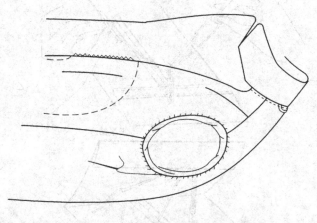

图 6.1.71

(2) 拉线袢：大衣下摆在摆缝的贴边外，与夹里吊牢。见图 6.1.72。

> **技法提示**
>
> 怎样拉好一根线袢：
> (1) 攥袖里、袖夹里不起吊，不链形，吃势均匀，与外袖符合。
> (2) 攥袖窿，前后身和肩摆缝都要摆平，并略松一些，面子不能因为夹里太紧而起吊。
> (3) 拉线袢手势松紧均匀，不能有紧有松。
> (4) 拉线袢时，面子的贴边与夹里的贴边既要摆平又要略有松度。

（十七）缲纽眼，做腰带，整烫钉纽

(1) 缲纽眼。它与女西装缲眼相同。

(2) 做腰带。将裁好的腰带对折，用攥线定牢，两头缉45°斜角，中间留5cm空洞，缉好后，检查一下是否起链，如有起链，要拆掉缉线重缉。

然后将带子从腰带中间空洞翻出，再把带子空洞缲好，最后盖湿水布烫煞、烫平。并缉明止口1cm，四周缉线一道。

(3) 烫夹里。夹里缲好之后，可能有起皱或露针花，因此有必要重新再进行整烫一下，使夹里美观、挺括、平服。

(4) 钉纽。里襟叠门正中位置，用与面料同色的粗丝线，结头先将进挂面里层，钉扣底的二纽孔基点要小，四上四下，绕脚按面料厚度，要把挂面钉穿，增加牢度。

钉扣位置，里襟钉扣按纽眼位。袖口按袖背缝离袖口3.5cm，两扣之间距离2cm。

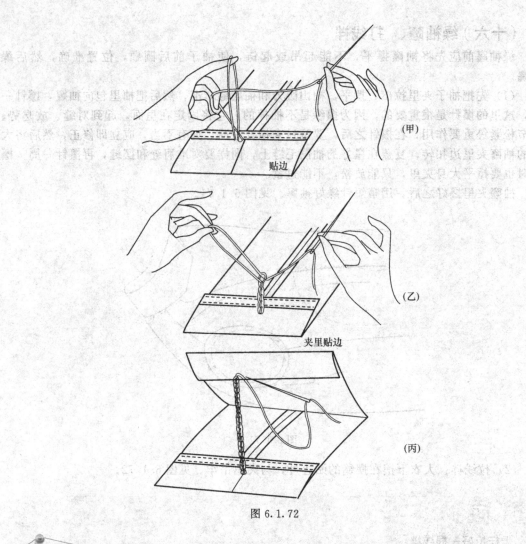

图 6.1.72

技法提示

纽眼应达到的质量要求如下。
(1) 缲纽洞眼顺直方正,四角无毛出,暗针脚整齐。
(2) 腰带顺直,平正,无链形。
(3) 纽扣高低距离和纽洞眼平齐。

五、女大衣质量总的要求

(1) 外形清晰,线条顺直。
(2) 前后波浪,起伏自然。
(3) 驳口服帖,左右对称。
(4) 肩头平服,袖子圆顺。
(5) 止口缉线,宽窄一致。
(6) 胸部丰满,腰吸合体。
(7) 纽扣整齐,整烫平服。
(8) 里外一致。规格准确。

第七章 家用缝纫机常见故障的分析与排除

缝纫机在出厂前需经严格的质量检查和验收。但在使用过程中，常常由于使用和保养不善出现故障，例如常常出现断针、跳针、断线、浮线、噪声、失灵等故障。

这里仅就经常出现的几种主要故障进行分析，并介绍排除方法，读者可根据本文内容，结合操作实践时遇到的问题，加以分析和总结，逐渐积累经验，做到发现毛病就能正确判断出问题所在，及时排除。

第一节 断线、跳针故障

一、断线故障

断线是缝纫机最常见的故障，尤其对初学者来说，由于操作不熟练或使用方法不正确，致使某些零件豁伤缝线，更容易出现断线事故。有时因为不懂得缝纫机的构造和装配的技术要求，拆卸后安装不能达到规定的配合标准，出现定位错误，也会引起断线。此外，零件的自然磨损和所换备用零件的质量低劣也是引起断线的原因。

家用缝纫机的线迹是双线锁式线迹，由面线和底线交织而成。在分析和排除断线事故中，可分为两大类：一类属于断面线事故，一类属于断底线事故。二者比较起来，由于面线穿引复杂，历经的零件多，断线故障相应地也比底线更多。

遇有断面线故障时，应着重检查机针、摆梭的定位，引线和勾线机构的松紧和磨损程度，观察面线通过的部位是否有锐棱、毛刺、沟槽以及阻碍面线运动的情况。

遇有断底线故障时，应着重检查梭芯套上的过线孔、梭皮、摆梭上的弧线翼和针板的容针孔等，这些部位是否有锐棱或位置不合适等现象。

（一）常见断面线故障的特征、原因与排除方法

1. 切割状断线

切割状断线是缝线在缝纫时突然断裂，其线头呈切割状，断线的两端无起毛现象，如同被锋利的刀口割断一样［图7.1.1（a）］。

造成的原因有两个：一是因机针装反，机针未装到顶或用太细的机针缝纫粗厚的布料；

二是因挑杆线孔产生沟槽、夹线板粗糙、过线处及针鼻不光滑、针板孔及梭皮螺丝有毛刺等都会磨损面线而造成切割状断线。

排除上述故障，一是将机针长槽对准左侧，或重新安装机针；二是将故障零件修整。修整的方法大致有磨平（如挑线杆线孔、夹线板、夹线器等）、磨圆（夹线器过线处、针鼻等）、磨光（针板孔、梭皮螺丝等）。修整后仍产生故障或无法修复时则需更换故障零件。

对于梭床盖的凹槽、摆梭尖部的毛刺及摆梭平面的变形也可以修整或更换。

对于摆梭平面的变形（严重时会将摆梭托平面与机针针刃摩擦）和压脚趾槽歪斜部必须校正。

2. 马尾状断线

马尾状断线是缝线在缝纫中突然断裂的，断线两端有较长的起毛部位，并带有须尾，缝线如同经过多次摩擦而断裂［图7.1.1（b）］。

产生故障的原因通常是由于线团太满或线松落导致缠在挺线针上崩断、线的质量太差（如发霉变质或变脆）及机针与其它零件位置不正（如机针与压脚、机针与针板、机针与摆梭等）等。有时机针与缝线的不匹配也会出现马尾状断线。

针对马尾状断线，首先要选配合适的机针与缝线，其次可采取使用合格的缝线，当线团过满时可多绕几个梭芯使线团的容量减少，校正机针与压脚、机针与梭床的位置等措施。

3. 卷曲状断裂

卷曲状断裂是缝线在开始缝纫或缝纫过程中突然断裂，断线的线头呈卷曲状，断线的两端略有短须，属于张力太大而拉断［图7.1.1（c）］。

产生故障的原因通常是由于起缝时踏倒车、面线压力过大、螺丝松动（如摆梭托簧螺丝、梭皮螺丝等）、梭门故障（闭合不严和变形）、穿引面线的失误（如顺序不对、挑线杆位置不对等）、摆梭尖的三角颈不光滑、摆梭托与摆梭出现的间隙不当等。

针对上述故障，首先要加强空车练习，避免起缝踏倒车；调松夹线器来减少面线压力；面线穿引不对时必须重新穿引面线；转动上轮，使挑线杆处于最高位置时穿引面线。此外，加强对缝纫机的维护与检修也是排除卷曲状断线的一种必要措施，如经常旋紧摆簧托螺丝和梭皮螺丝；梭门闭合不严时要更换梭门簧；梭门向左突出时要更换梭门；摆梭尖的三角颈不光滑时必须修磨光滑；摆梭托与摆梭的出线间隙太小时要调整适当（间隙要求0.35～0.55毫米）。

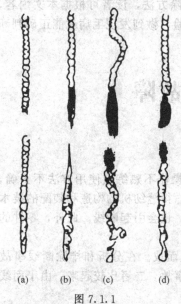

图 7.1.1

4. 扎断状断线

扎断状断线是缝线在缝纫中突然断裂，线头呈扁状，两个断头有时沾有油污，如同被零件轧住后拉断［图7.1.1（d）］。

产生故障的原因通常是由于未安装梭芯套，摆梭尖的损伤或变钝，摆梭弧形臂生锈或粗糙，挑线凸轮和挑线滚柱的磨损等。

另外，摆梭托与摆梭之间的出线间隙不当也会造成这种故障。

针对上述故障，首先要检查是否装上梭芯套。如未安装时则先将断线头取出，安装梭芯套；摆梭尖有问题时必须更换摆梭；摆梭弧形臂生锈时要清除锈迹；如粗糙时则必须更换；挑线凸轮及滚柱如果磨损则亦必须更换。

5. 断面线并伴有机声不正常

通常是由于摆梭与梭轨磨损、摆梭托与摆梭间出线间隙太大、大连杆上孔松旷、圆锥螺丝或摆轴松动、下轴曲柄滑块及小连杆上下孔磨损、针杆与杆孔磨损严重、针板孔过大等原因造成。

针对上述故障,首先必须将磨损严重的零件更换;如摆梭、梭床、下轴曲柄滑块、大连杆、针杆或套筒、小连杆、针板等。同时将上述的螺丝旋紧(大连杆螺丝、圆锥螺丝、顶紧螺丝等);如果挑线滚柱松动,则必须铆牢。此时,若摆梭托与摆梭间的出线间隙太大,也要查清原因并进行修理。

6. 薄断断线

在缝厚料时正常,而缝薄料时断线,原因通常是由于压脚稍高或针鼻不正。

压脚稍高时可以适当垫纸;针鼻不正则必须校正。

7. 一般性断线

通常是由于挑线簧弹力太大、摆梭尖短秃、钩线距离不当、机针短秃、摆梭托簧折断或有裂痕等原因造成。

对于摆梭尖与机针短秃以及摆梭托簧的故障均需更换;对于钩线距离要调整适当;挑线簧弹力过大时要调松。

(二)常见断底线故障的特征、原因与排除方法

1. 断底线并伴有面线下翻

通常是由于底线张力过大、摆梭轴根部缠绕线头、梭芯套的线毛太多和梭芯绕得太满等原因引起的。

对于底线张力过大,可以适当调松;定期清除摆梭轴根部及梭芯套内的纤维堆积物是非常重要的。如果梭芯绕得太满,可以调整绕线器。

2. 手拉底线感觉松紧不匀

通常由于梭芯片不圆或梭芯歪偏造成。

排除故障时可以根据情况来更换梭芯片或梭芯。

3. 底线时断时续

通常是由于送布牙锋锐或压脚压力过大、压脚与送布牙不平行、针板孔有毛刺等原因造成的。

排除故障时,如针板孔有毛刺则磨光滑;要适当调整压脚来解决压脚与送布牙不平行的问题;送布牙锋锐和压脚压力过大时可以调小压脚压力。

4. 一般性断线

通常是由于满线跳板有毛刺、摆梭C形边或梭皮出线口有毛刺或锐梭等原因造成的。

一般情况下,只要将有关部位(如满梭跳板、摆梭C形边等)磨光即可排除故障。但是,梭皮出线口有锐梭或毛刺时,必须更换梭皮。

二、跳针故障

跳针有时也称跳线。缝料经过缝纫后,在缝料两面的底面线没有发生绞合的现象称为跳针。产生跳针的原因很多,但主要是摆梭尖不能钩住线环。

摆梭尖不能钩住线环的原因主要有以下三个方面。

(1)线环形成不良,如线环小、扭曲或歪斜。当机针的升降带动缝料上下移动时,缝料会牵动线环而使其缩小,从而不利于摆梭尖钩住线环,以致引起跳针。如压脚稍高、容针孔磨大、刺时绣料未绷紧等等,都会引直线环缩小。

梭床盖与机针距离过大、挑线簧弹力过大以及线粗针细时,也会线环缩小。

线环歪斜、捻度过大、针鼻方向不正、线细针粗也会引起跳针。

（2）机针或摆梭定位不准确，动作不协调引起的跳针。

（3）引线机构或钩线机构零件磨损或松脱，使机针与摆梭的运动无规律引起跳针。

跳针的一般性故障可分为偶然性跳针、断续性跳针和连续性跳针。

1. 偶然性跳针

偶然性跳针就是每隔一段距离跳一针，间隔距离不定。在一件缝料或一批缝料中，偶尔出现几次跳针，且不连续。

产生偶然性跳针的原因较多，通常是由于使用太细的机针缝制厚料、机针线槽歪斜、缝线质量太差（包括捻度不匀、忽松忽紧等）、使用细线缝制薄料面误用粗针、压脚压力过小、机针位置不对、摆梭尖损坏钩不住线环、针板孔上的容针孔磨损、缝薄料时挑线簧弹性过大等原因。

排除的方法首先要根据缝料的厚薄、缝线的粗细选择适当的机针；选用机制的缝纫机线，并注意质量；检查线钩螺丝是否脱落并调整好，重新安装机针，检查压脚压力是否过小并调节适当；机针线槽歪斜时（未与摆梭成直角）要更换机针；摆梭尖有故障（磨损或折断），则必须更换摆梭；针板孔上的容针孔直径过大时应更换（允许使用直径1.7～2.0毫米）；在缝薄料时挑线簧弹性太大则可移动调整螺丝钉S43使弹力减小（见图7.1.2）。

2. 断续性跳针

断续性跳针是指线迹几针实、几针虚的情况，跳针属于阶段性的连续跳针，但连续跳针的距离又不长。

产生故障的原因通常是由于针杆故障。包括针杆过高（不能将面线送至摆梭下线）、针杆过低（将面线送到摆梭尖以下，使摆不能钩线）、针杆磨损（与套筒配合松动）、针杆松动（位置偏移）。另外当机针下部弯曲时出现机针与摆梭距离太远也能造成上述故障。梭床盖安装位置不正确或压脚底平面与针板结合不紧密也是产生故障的重要因素。

排除的方法首先要按机针定位要求重新校正（见图7.1.3）；机针弯曲可以校直或更换；针杆磨损要更换针杆或套筒；针杆松动可以调整并固定针杆位置。另外要注意校准梭床盖安装位置；当压脚底平面与针板配合不好时要换压脚或用油石磨平脚底平面。

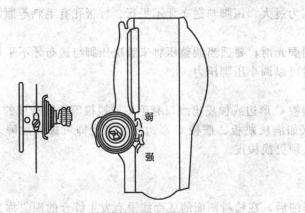

图7.1.2 挑线簧的弹力调整

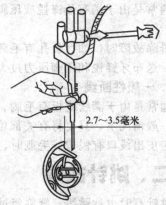

图7.1.3 机针位置的调节

3. 连续性跳针

连续性跳针是指缝纫后的线迹都是虚针，起不到缝合缝料的作用。

产生故障的原因通常是由于摆梭尖折断、底线留头太短、针杆变莆造成位移或缝纫机长期失修等。

排除故障的方法较简单，当摆梭尖折断时应更换摆梭；底线头拉出10厘米左右；针杆变菌时调整好针杆位置。当机器长期失修时要进行大修。

4. 刺绣跳针

通常是由于绣料没有绷紧、针线选配不当或挑线簧弹力过强等原因造成。

排除故障时要绷紧绣料或移动螺钉 S43，使弹力减弱（见图 7.1.2）。

另外一定要注意，刺绣时要用 9～11 号机针和绣花线。

5. 缝人造革、塑料跳针

通常是由于压脚压力太小或缝料上未擦油所造成的。

排除故障可调大压脚压力，或在缝料上下表面擦抹缝纫机油。

6. 一般性跳针

通常是由于机针向左倾斜或针鼻不正、梭床盖离机针过远、机针稍高、摆梭略有位移、梭床脚过低等原因造成。

对于机针向左侧倾斜或向左弯曲的现象，应调整、校直或更换机针；针鼻不正或机针稍高时，可以调整针鼻或校正机针高低位置；对于梭床盖离机针过远的情况，可进行校正，使彼此相距 1 毫米；摆梭略有偏移时，可以校正摆梭位置；若梭床脚过低，可以使用硬纸片垫高梭床。

第二节　断针、浮线故障

一、断针故障

断针是缝纫机比较容易发生的故障。其主要原因是由于机针与所经过的零件发生碰撞，例如机针与压脚、针板、摆梭或摆梭托碰撞。产生断针事故，一般是因为缺乏使用缝纫机的经验、操作错误、机件定位失常、零件严重磨损等。由于机针撞断后会在零件上留下痕迹，所以可以通过观察痕迹查出断针的原因。

缝纫机的断针故障，最经常发生的是由于摆梭托与机针间隙过大所引起的。因为摆梭托一方面起传动作用，另一方面起机针定位作用。例如在缝纫过程中，常常会遇到两边厚薄不匀的缝料，这时由于厚料横向的压力比较大而迫使细长的机针产生偏斜，以致折断。如果处在下端的摆梭托间隙较大，就会使机针歪斜而发生越位，被摆梭撞断（图 7.2.1）。

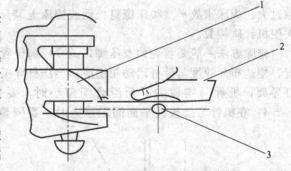

图 7.2.1　摆梭托的"护针"作用
1—摆梭尖；2—摆梭托；3—护针

如果摆梭托把机针稳定在适当的位置，就会使机针垂直穿过缝料而不发生断针。一般机针与摆梭托的间隙在 0.04～0.15mm 之间为宜，但机针不能紧贴摆梭托，否则会产生跳针故障。如果摆梭托平面较低时，可按图 7.2.2 的方法调整。

断针故障的特征、原因与排除方法如下。

1. 偶然性断针

通常是由于机针与缝料配合不当（如用细针缝粗厚缝料、缝料厚度不匀、突然厚料即会断针亦会跳针）产生。另外如机针装反、没向上装足、没夹紧、机针针尖受损（如机针刃弯曲或针尖钝秃等）也会出现断针（图 7.2.3）。

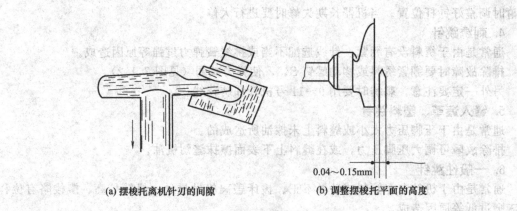

(a) 摆梭托离机针刃的间隙　　　　(b) 调整摆梭托平面的高度

图 7.2.2　调整摆梭托平面的高度

排除断针故障首先要选配合适的机针，在缝料厚度不匀时，要换略粗的机针，并放慢缝纫速度；机针本身的故障要检查机针、纠正变形、更换机针及正确安装机针。

偶然性断针还可以因缝纫时拉缝料用力过大或刺绣时手脚配合不协调造成。这种情况下应配合送布机构用手扶缝料，切忌前后或左右推拉缝料，刺绣时要放慢缝纫速度，以保证机针上升后再移动绣筛。

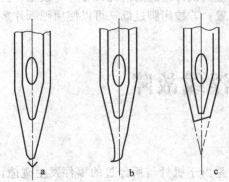

图 7.2.3　机针针尖受损

a—针尖秃；b—针尖弯；c—断针尖

2. 连续性断针

通常是由于压脚歪斜致使机针扎在压脚上、送布机构与针杆运动不协调或送布过迟碰针板、压杆导架与机壳导架槽配合间隙过大引起压脚左右摆动、机针与摆梭尖平面配合间隙过小或与摆梭托平面间隙过大、梭床未放平（梭床螺钉松动或梭床盖装反）、机针位置太低碰摆梭翼、摆梭位移过大使机针碰梭翼。

排除方法一般要首先检查压脚，调整压脚位置，使机针对准压脚槽位；调整送布凸轮位置，使送布牙速度与针杆运动相适应；当压杆导架与机壳导架槽配合间隙过大时要更换新压杆导架；机针与摆梭尖平面配合间隙小时，要校正针杆、增大间隙，其校正方法见图 7.2.4；在机针与摆梭托平面间隙过大时，要调整摆梭托高度（见图 7.2.2）；对于梭床故

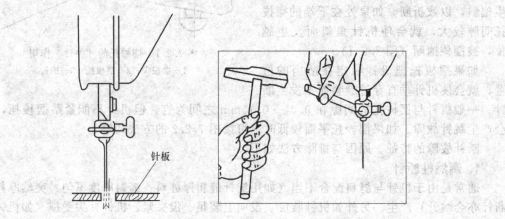

图 7.2.4　校正针杆

障，要重新安装梭床、拧紧螺钉，重新安装床盖。当由于机针位置太低或摆梭位移过大而碰摆梭翼时要分别校正机针或摆梭位置。

3. 一般性断针

通常是由于压脚螺丝松动引起压脚左右摆动造成；在压脚稍弯曲造成压脚太活、摆梭背和梭轨磨损、针夹螺丝松动使机针脱落及摆梭托变形时也会造成断针。

排除故障时首先要旋紧压脚螺丝与针夹螺丝；压脚太活时要换新压脚，然后检查摆梭和梭轨有无磨损，若有磨损必须更换摆梭或磨平梭床圈。最后检查摆梭托有无变菁并进行必要的校正。

二、浮线故障

浮线是由于底、面线的张力不均匀而产生的。其主要原因是由于不熟悉机器的构造和调节原理，其次是零件的质量不好或定位有问题。

浮线的形式我们已经很熟悉了，有浮面线、浮底线、毛巾状浮线和底面线都浮起等情况。浮线故障特征、原因及排除介绍如下。

1. 浮面线

通常是由于面线松底线紧、机针细缝线粗、挑线簧弹力弱、夹线螺线松动、夹线板故障（中间磨出沟槽或有污物）、面线未嵌入夹线板内、缝厚料时压脚压力不当、梭芯套内有污物、摆梭轴根部缠有线头、梭皮压力不均匀或送布快于挑线机构的动作。

排除的方法是根据各种原因进行检查和校正。对于面线松、底线紧则需要调节面线和底线的松紧度，选择合适的机针和缝线；适当调节挑线簧弹力；清除污物（夹线板中间与梭芯套）；磨平夹线板（在其中间磨出沟槽时）；调节好夹线螺母；将面线嵌入夹线板；调整好压杆压力及清除摆梭轴根部缠附的线头；在送布快于挑线机构动作时要调整挑线凸轮位置。

2. 浮底线

通常是由于底线松及面线紧、梭皮弹力不足或梭皮内有线头或污物、底线脱出梭皮、梭芯套与梭皮之间磨损形成了沟槽、面线粗底线细等原因造成的。

排除的方法首先要拧松夹线器螺线、放松面线；更换梭皮或清理梭皮面的污物；在底线脱出梭皮时取出梭芯套、重新安装好底线；若梭芯套与梭皮之间磨损形成沟槽时，用砂布将梭芯套上的沟槽磨平，并更换新的梭皮；面线粗底线细时要更换缝线。

3. 毛巾状浮线

通常是由于摆梭的梭尖及弧翼上有毛刺、梭芯套的圆顶不光滑或生锈、梭芯套上的梭门与摆梭中心轴配合过紧影响摆梭回转、摆梭的簧片折断或翘起而影响面线向上抽回、摆梭托与摆梭间的缝隙过小而影响线环滑出等原因造成。

排除故障的方法：对于摆梭的梭尖及弧翼上的毛刺，可以研磨除去毛刺；更换梭芯套或清除梭芯套圆顶上的锈迹；发现梭芯套上的梭门与摆梭中心轴配合过紧而影响摆梭回转时要更换梭芯套；最后要使缝隙（摆梭托与摆梭间的缝隙）保持在 0.35~0.55mm。

4. 偶尔浮底线

通常是由于底线和面线张力不足或梭皮弹力不足与挑线簧太松、挑线凸轮磨损或滚柱松动、梭芯套变形或梭皮变形，以及底面线粗细不匀等原因所致。

排除故障的方法：拧紧梭皮螺钉和夹线器螺母；梭皮弹力不足时要更换新梭皮；挑线簧太松时要调整挑线簧压力；挑线滚柱松动时要将其铆牢；挑线凸轮及梭皮变菁都要更换新的；同时对于梭皮套的变菁也要及时更换；底面线粗细不匀时要更换缝线。

第三节 送布、缝料故障

一、送布故障

送布故障主要是针距方面的故障。例如缝料不足、线迹重叠、缝料移动太慢致使针距过密、缝料运动忽快忽慢而使针距大小不等。这些故障一般是在机器受到严重磨损后发生的。

一般情况下，发生故障时，应着重检查送布牙的高低、压脚的高低以及送布机构各零件的配合是否正常。

送布故障特征、原因及排除方法。

1. 缝料不走、线迹重叠

通常是由于压脚过高、压力太小、落牙机构不合适及送布牙太高、压脚板的底平面粗糙、针距螺丝位置太高或送布机构的故障（包括送布牙松动及齿尖露出针板面太低、送布凸轮与牙叉配合严重磨损、送布凸轮固定螺钉松动或送布曲轴螺丝松动）等原因造成。

排除故障时，对压脚过高造成压力太小及落牙机构不合理造成的送布牙太高都可以适当调整；送布牙松动或齿尖露出针板面太低也可以适当调整；压脚板底平面粗糙时，用油石磨光滑；缝针距螺丝位置太高时，应按缝料厚薄加以调整；送布凸轮与牙叉配合处严重磨损时应更换；送布凸轮或送布曲柄螺丝松动时，要按送布牙前后定位的要求调整好再拧紧；抬牙曲柄螺丝松动时，按送布牙高低定位要求，调整好后再旋紧。

2. 缝料运行忽快忽慢、针距忽大忽小

通常是由于压脚压力太小、送布牙位置过低、压脚过高、拉推缝料用力过猛、压脚螺丝松动、送布牙齿尖磨秃、针距座螺丝未拧紧或针距座垫失去弹性、压杆弹簧折断或失去弹性等原因造成的。

排除故障时，要改正操作方法，拉推缝料不可用力过猛；压脚压力要调整适当、不可过小；压脚过高时要适当调低；送布牙位置过低时要适当调高；压脚螺丝松动时要拧紧；更换新送布牙；将针距座螺丝拧紧或更换针距座垫；压杆弹簧有问题要更换压杆弹簧。

3. 针缝歪斜严重不成直线

通常是由于送布牙螺丝松动（在缝纫时左右歪斜）、送布牙齿尖由于长期磨损而倾斜、送布牙与针板齿槽不平行、送料方向倾斜、压脚螺丝未旋紧致使压脚倾斜等原因造成的。

排除故障的方法是：首先旋紧送布牙螺丝；要更换磨损的送布牙；重新调整送布牙位置；校正压脚并旋紧其螺钉。

4. 缝料行走过慢且机器有噪声

通常是由于螺丝松动（牙叉连接螺丝、送布轴、抬牙轴顶紧螺丝、针距座螺丝）、送布凸轮与牙叉磨损、针距座与牙叉磨损（包括滑块）等原因造成。

排除故障的方法是：旋紧前述的有关螺钉；牙叉或滑块磨损时应更换。

5. 线迹不齐并产生倾斜

通常是由于缝制薄料时缝线过粗或机针较粗、底面线松紧不合适、针距太小等原因造成的。

排除故障的方法首先要选配适合的缝线与机针；调整合适底面线松紧程度及适当放长针距。

二、缝料损伤

缝料损伤主要包括缝纫后缝料出现皱褶、起毛、底面咬伤等。

缝料损伤故障特征、原因及排除方法如下。

1. 缝料皱褶
通常是由于面线与底线过紧、压脚压力太大、送布牙太高、缝线过粗及缝线弹力过大。

排除故障的方法是：适当调节缝线张力、调节压脚压力或降低送布牙；选用合适的缝线、换用细线或更换合格的缝线。

2. 缝料表面起毛并呈现轴丝状
通常是由于机针尖磨秃或折断，以及针距太小或缝料密而软等原因造成的。

排除故障时首先要检查机针，当机针磨秃或折断时，要更换机针；当缝料质地密而软时，要适当放大针距。

3. 缝料表面咬伤
通常由于送布牙齿尖太尖锐、压脚压力大等原因造成的。

排除故障时，要适当降低送布牙高度及减小脚压力。

第四节 噪声故障

噪声是指缝纫机运转时发出的不正常杂音，一般指摩擦声、撞击声和松动声。

产生噪声的原因主要是由于零件磨损、配合欠佳、螺钉松动、零件弯形或错位、缺少润滑油等。

噪声产生部位、原因及排除方法如下。

1. 梭床噪声
由于摆梭与摆托间隙过大、摆梭及梭床圈磨损、摆梭或梭芯套内积有线头、机针向左倾斜或歪曲、梭床未装好、摆梭摩擦面撞击梭床摩擦面等原因造成的。

排除故障的方法是：当摆梭托与摆梭之间的间隙太大时，应更换摆梭或调整摆梭托弯曲；摆梭与梭床圈磨损时，要更换或磨平梭床圈；清理梭床和芯套内的线头；机针如弯曲时，可校正或更换机针；重新安装梭床；摆梭托撞击梭床时可查出撞击部分；摆梭摩擦面撞击梭床时可以校正摆梭托的位置。

2. 挑线机构噪声
由于挑线杆运动时撞击面板或挑线滚柱、挑线杆螺丝松动、挑线凸线磨损等原因造成的。

排除故障的方法是：用扳手将面板扳凹些，使挑线杆与面板间隙加大；旋紧挑线杆螺丝及铆牢挑线滚柱；旋紧挑线杆螺丝。

3. 上轴噪声
由于上轮平面松动，扳上轮时感到有轴向窜动、大连杆螺丝松动、牙叉与送布凸轮磨损、前轴套磨损等原因造成的。

排除故障的方法是：使上轮套筒与右平面间隙达到0.04mm，旋紧大连杆螺丝，牙叉磨损时要换新的，前轴套磨损时也要更换。

4. 针板噪声
由于送布牙位置不对撞碰针板或摩擦针板槽、送布牙螺丝松动、针尖秃钝等原因造成。

排除故障的方法是：将送布牙螺丝旋松后校正其前后位置；旋松送布轴顶丝、校正送布牙左右位置；旋紧送布牙螺钉及更换秃钝的机针。

5. 机架噪声
由于机架各顶尖螺丝、锥形螺丝和锥孔因磨损引起配合间隙过大或摇杆轴承松动、机头未放平或机架未放稳等原因造成。

排除故障的方法是：当磨损引起间隙过大或摇杆轴承松动时，要更换球架或旋进挡片，磨损严重的可换大一号的滚球；若机头未放平或机架未放稳，要放稳机架，调整机头。

6. 其它噪声

由于长期不加注润滑油、机头各紧固螺丝松动或锥形螺钉与锥孔磨损，致使配合间隙过大以及下轴左右窜动、下轴曲滑块磨损、牙叉连接螺丝松动、磨损等原因造成。

排除故障的方法是：首先要注油，其次查找松动部分，适当旋紧或更换各紧固螺丝；检查各锥形螺钉、锥孔的配合，并进行适当更换或调紧；当下轴窜动时，要适当敲紧下轴曲柄；同时根据下轴曲滑块及牙叉连接螺丝松动的程度和原因，对螺钉进行旋紧或更换。

第五节 运转、绕线方面的故障

一、运转方面的故障

运转方面的故障主要表现为运动沉滞。正常的缝纫机踏动踏板时感觉很轻滑，一旦发生运转故障，就会使机器踏动费劲，机轮转动沉重，或半圈沉滞，半圈轻滑，有时甚至不能转动。

运转故障通常是因为各部件的螺丝拧得过紧，机件严重受损变形或者轴与孔脱位引起的。有时机件内部有污物、线头、布屑等，也会导致机器运转沉重。

发现运转沉重后，首先应判断是机头还是机架的故障。检查时先将皮带卸下，用手转动上轮，如果上轮转动轻滑，则是机架故障引起运转沉重。否则是机头的故障。

运转故障特征、产生的原因及排除方法如下。

1. 机件内因有杂质转动沉重

由于梭床轨道内有污物、送布牙槽有污物或摆梭扎线以及针杆孔内、上下轴孔内有线毛等原因造成。

排除故障的方法是：拆卸梭床、针板或上下轴，清除污物、线毛等物；当摆梭扎线时，要倒转上轮，使线毛转出。

2. 每转一周都发生部分沉滞

由于更换的滚柱、滑块与原配件平行度不好；送布牙太高；压脚压力过大或上轮弯曲，影响轴与孔的配合，引起上轮偏摆以及送布牙碰撞针板槽等原因造成。

排除故障的方法是：当滚柱、滑块与原配件不平行时要校正；当送布牙太高、压脚压力过大时，要适当调低；当上轮弯曲，引起偏摆时，要找出偏摆位置，用木器轻轻敲击，直至消除偏摆；当送布牙碰撞针板槽时，要校正送布牙前位置。

3. 零件配合过紧不能转动

由于曲柄两端或踏板两端顶尖螺丝太紧；摇杆接头螺钉与摇杆球配合过紧以及下带轮轴顶尖螺丝太紧、皮带过紧等原因造成。

排除故障的方法是要调松。当摇杆接头螺钉与摇杆球配合过紧时，要按图7.5.1所示拧松接头螺钉，锁紧螺线（KL_2）。操作时接头螺钉（KS_4）不可拧得太松，以免噪声大。当下带轮轴顶尖螺丝太紧时，要适当调松；当皮带过紧时，要调节皮带长度。

4. 零件配合过松不能缝纫

由于离合螺钉太松、上轮空转离合垫圈移位、上轮空转皮带过长、无法转动上轮等原因造成。

排除故障的方法是：首先要旋紧离合螺钉，然后校正垫圈位置，调整皮带长度。

5. 其它运转故障

多由于长期不注润滑油造成。

排除的方法就是加注润滑油。

二、绕线方面的故障

绕线方面的故障主要是指绕线器不转，梭芯不转、绕线不匀等故障，其故障特征、产生的原因和排除方法如下。

1. 绕线器不转

由于绕线胶圈与上轮接触不良、绕线胶圈松油、绕线胶圈脱落等原因造成。

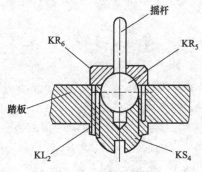

图 7.5.1 摇杆接头

排除故障的方法是：适当旋紧绕线调节螺丝或更换绕线胶圈。

2. 绕线器按下后自动弹起

由于绕线螺钉旋入太多造成。